Nuestro Misterioso Universo

Mark Nelson

Contenido

Universo Como Conciencia 1

El Universo Como Nuestro Maestro 37

La Vida Del Individuo Como Reflejo O Modelo De La Evolución Humana 61

Dónde Hemos Estado (Y Por Qué Seguimos Allí) 84

Individualización Del Libre Albedrío 98

Demonio 107

Cortina 115

Ovni Y Devas 139

La Escuela Terminó 145

Mirando Hacia Atrás Desde El Futuro 160

La Gran Llamada 163

Universo Como Conciencia

¿Cuál es el sentido de la vida? En general, ¿tiene la vida un sentido? Y si es así, ¿qué debemos hacer con él? Cuando nos hacemos estas tres preguntas y buscamos respuestas a ellas, solo entonces nos hacemos humanos. Estoy escribiendo estas palabras, y fuera de la ventana hay escarcha. Observo con deleite cómo el bajorrelieve de hielo de un milímetro de espesor cubre gradualmente los dos tercios inferiores del vidrio. Después de un minuto o dos, aparece una imagen que se asemeja a una exuberante vegetación de verano: hojas plumosas y ramas intrincadamente curvas son claramente visibles. Cada "planta" es única y, al mismo tiempo, está perfectamente inscrita en la composición: no deja espacios vacíos y no oscurece a los vecinos. ¿Una imagen perfecta no es el fruto de un plan perfecto?

Es imposible no pensar en el significado profundo de lo que veo: el artista que creó esta increíble obra -agua congelada "ordinaria" (una sustancia inorgánica que no tiene genes ni ADN). ¿Qué tipo de energía se encuentra detrás de tales fenómenos y qué tipo de conciencia se necesita tener para planificar y crear tal belleza? Pocas personas podrán dibujar un patrón tan perfecto por su cuenta, y tomará mucho más tiempo que un par de minutos. Me sorprende aún más que los sistemas de creencias existentes, compartidos por supuestamente las naciones más avanzadas del planeta, no solo no puedan explicar de manera convincente la mayoría de los misterios de la naturaleza (esto es comprensible), sino que por lo general prefieran ignorarlos e incluso tratar de resolverlos. niegan muchos fenómenos que no encajan en el marco de sus ideologías. Ignorar y negar es quizás lo mejor con lo que pueden contar las personas que se atreven a llamar la atención de los demás sobre tales realidades.

El principal problema de nuestras religiones y ciencias tradicionales no es el conocimiento limitado y ni siquiera una sobreestimación del grado de comprensión de la realidad por parte de uno mismo. El mayor error que cometen es cuando atacan a aquellos que son capaces de percibir un espectro mucho más amplio.y un universo perfecto y que están tratando de cooperar con este universo en la difusión de la Luz, expandiendo así el conocimiento humano mucho más allá de los límites de los rígidos sistemas de creencias. ¿Qué nos impide decirnos a nosotros mismos: sí, todavía no sabemos mucho? ¿Por qué es malo admitir que hay un mundo misterioso a nuestro alrededor? Además, se sabe que los sistemas cosmológicos de la ciencia ortodoxa y las religiones occidentales ortodoxas se contradicen en gran medida e incluso, en esencia, se excluyen entre sí. (Volveremos pronto.)

Y, sin embargo, quiero expresar mi posición desde el principio: creo que tanto la ciencia como la religión tienen razón en algo importante: simplemente ven la realidad desde posiciones diferentes. Pero si la ciencia, con toda su racionalidad, carece de sabiduría, y la religión, con toda su sabiduría, no resiste un análisis razonable, entonces no están de acuerdo con la Verdad suprema y universal. Después de todo, el Universo en el que vivimos (y podemos verlo por nosotros mismos a nuestro alrededor) es razonable, conveniente, sabio y, lo más importante, amoroso. Esto es lo que intentaré mostrar.Estos son solo algunos ejemplos de fenómenos anómalos que tienen un significado profundo (y, por lo tanto, inquietante) y, por lo tanto, nuestro establecimiento los descarta como indignos de un estudio serio.

Hay muchos casos en que el cuerpo físico de una persona se separó de "cuerpos" superiores: en estado de muerte clínica, bajo la influencia de drogas o altas velocidades (al caer, en una centrífuga), en estado de shock, etc. Las personas que eran consideradas inconscientes por los demás, observaban su cuerpo físico desde un costado y posteriormente podían describir con precisión los hechos ocurridos.Todos tenemos sueños, y a veces visiones de otro tipo, que dicen mucho sobre nuestros estados internos (enfermedades no detectadas, complejos, etc.), o sobre lo que podemos esperar del futuro, y también nos dicen cómo comportarnos más adelante (si no somos demasiado perezosos para analizarlos). Hay muchos informes sobre el llamado poltergeist, la posesión y otros fenómenos parapsíquicos. Durante el último medio siglo (de hecho, a lo largo de la historia), en todo el mundo, personas en las que se puede confiar han visto ovnis. Y muchos, en un nivel u otro, tuvieron contactos con "extraterrestres".

En diferentes países del mundo, aparecen espontáneamente los llamados "círculos de las cosechas", enormes pictogramas de las formas geométricas más diversas y hermosas. Todos pueden verlos, y no todos los casos resultan ser falsos.
A lo largo de la historia humana, ha habidocombustión espontánea espontánea de personas, y todos los intentos de reproducir este fenómeno artificialmente han fracasado. Los recuerdos de vidas pasadas, que aparecen

en muchas personas, pueden indicar la repetición de la vida. A veces los niños dan esos detalles sobre personas y eventos del pasado, o sobre lugares distantes que posiblemente no podrían haber conocido.

Esta lista puede continuar durante mucho tiempo. Se han escrito muchos libros y se han hecho muchas fotografías y videos que documentan estos llamados fenómenos "anómalos". Pero en lugar de examinarlos honestamente y expandir nuestro conocimiento de este asombroso universo, el establecimiento muestra una completa renuencia a escuchar cualquier cosa que pueda perturbarlos por completo.sistemas de creencias organizados (aunque estos últimos son claramente imperfectos y se está demostrando cada vez más que están equivocados). Afortunadamente, ahora, como sucede periódicamente en cualquier planeta, nuevas y frescas energías están llegando a nuestra Tierra, y personas de diversos ámbitos de la vida están comenzando a ser escépticas de las viejas explicaciones, dándose cuenta en sus corazones de que hay mucho más en la vida que nuestras instituciones públicas.

Entonces, repitamos lo dicho: los sistemas cosmológicos de la ciencia ortodoxa y las religiones occidentales ortodoxas se contradicen de muchas maneras e incluso, en esencia, se excluyen. Un sistema se basa en la creencia errónea de que el plano físico y sus fenómenos asociados son todo lo que realmente existe. (¡Y todo lo que existe sucedió por casualidad!) Otro sistema, común en varias religiones, afirma esencialmente que todo fue creado por alguna deidad caprichosa y muy cruel sin una razón clara (las cualidades y deseos atribuidos a este dios siempre corresponden extrañamente a la ideología de los círculos gobernantes). Los poderes fácticos tienden a tratar de estar un pie en cada campo, y es muy importante para ellos negar, ignorar y refutar todo lo que la ciencia y la religión no pueden explicar.

Es la naturaleza de los sistemas humanos.nuestras creencias, nuestras ideologías, nuestro establecimiento: pretenden tener todas las respuestas para atraer y retener seguidores y, por lo tanto,perpetuar su existencia "manteniendo el orden". Y nosotros mismos, pequeñas personalidades, somos todavía muy inmaduros, y nos gusta creer que somos mucho más inteligentes de lo que realmente somos. Pensar que nosotros, o cualquier otra persona, o cualquier sistema de creencias humano, tenemos todas las respuestas, ¿no es una señal de ignorancia? Por el contrario, el primer signo de sabiduría es la comprensión de que todavía tenemos mucho que aprender. Pero, dado que todavía estamos en una etapa relativamente temprana de la evolución humana, a menudo sucede que "los ciegos guían a los ciegos". ¿Qué le queda por hacer a una persona de pensamiento normal si nuestro paradigma cultural está diseñado para esquizofrénicos? (En realidad, esto es más un paradigma de gemelos siameses, porque muchas personas se sienten cómodas con ambos sistemas de creencias al mismo tiempo).

Dado lo anterior, las personas se pueden dividir en dos categorías: algunas siempre están listas para percibir nuevos aspectos de la Verdad que constantemente se revelan a la humanidad. Otros se aferran a las creencias "viejas y buenas" y se resisten a cualquier cosa que los socave, sin darse cuenta de que, históricamente, estas creencias son relativamente recientes. Llamaría al primer grupo "pensadores" y al segundo "creyentes". Se puede suponer que los agnósticos y ateos que están orgullosos de lo que tienenvisión "científica" o "escéptica" de la realidad, entran en la categoría de pensadores, no creyentes. Pero no siempre es así. Constantemente nos enfrentamos al hecho de que el establecimiento científico defiende sus dogmas con tanta obstinación y se opone a cualquier cosa poco ortodoxa como cualquier religión fundamentalista. Y ese es todo el punto. Obviamente, para ampliar tu conocimiento de la vida, debes permitir al menos la posibilidad de reestructurar tu propia cosmovisión cuando se descubren nuevas verdades (científicas o religiosas), y no rechazar automáticamente lo que nos resulta incomprensible.

Comencemos con la religión. Cuando estudias seriamente la esencia de muchas grandes creencias religiosas, profundamente y sin prejuicios, queda claro que hay mucho más en común que desacuerdo. Los desacuerdos y las discrepancias aparecen después de que el maestro inspirado se ha ido. Después de todo, si existe un "Dios", entonces es posible imaginar que un Ser digno de ese nombre revelará toda la verdad.para siempre una sola vez - al pueblo elegido en un lugar - e ignorar todo el resto? Si hay un Dios, entonces todos somos Sus hijos, y Él nos ama por igual. Si hay un Dios, entonces Él, como el sol, brilla sobre todos.

Por lo tanto, una persona sabia evalúa constantemente la "tradición", utilizando su perspicacia e intuición para comprender la diferencia entre la verdadera sabiduría perdurable que contribuye a la evolución espiritual de la humanidad, y lo que con el tiempo se ha convertido en otro dogma sin sentido que no ayuda a la iluminación futura. de cualquier manera. Entonces, ¿tal vez todo el caleidoscopio de visiones del mundo en nuestro planeta, incluidas las nuevas revelaciones que llegan continuamente, son piezas de un rompecabezas gigante? ¿Qué pasa si no construyes un muro impenetrable alrededor de cada pequeño fragmento, rechazando todo lo demás, como hacen muchos sistemas de creencias? ¿Qué tal una mirada desde la cima de una montaña? ¿No veremos entonces que cada fragmento enfatiza algún aspecto particular de la verdad universal?

Ahora sobre la ciencia ortodoxa. Si no crees en Dios, ¿puedes creer que los científicos humanos ordinarios pueden saberlo todo? Muchos creen que las teorías científicas actuales de la evolución ya han explicado la vida en la Tierra en detalle desde el principio hasta el estado actual increíblemente complejo. Pero muchas verdades científicas, nacidas hace apenas un siglo, ¿no parecen hoy un tanto primitivas e incluso absurdas? ¿No nos damos cuenta ahora de que pasarán décadas y muchas de las verdades científicas de hoy parecerán igual de estúpidas? También tenga en cuenta que las teorías científicascomenzar con axiomas y postulados, es decir, posiciones iniciales que no son evidentes por sí mismas, pero que se aceptan sin prueba. Tome cualquier teoría materialista y siga su cadena lógica: al final encontrará una base no confirmada, y todo terminará con un milagro interpretado por otros milagros.

Sorprendentemente, muchos científicos creen que la ciencia ya sabe bastante bien cómo se formó el universo y cómo funciona el universo, y solo queda aclarar los detalles. ¡Pero esto está lejos de ser cierto! Sin embargo, esta misma convicción indica que pronto serán dadas a la humanidad verdades nuevas y profundas (para nosotros). Porque así nos ilumina el universo. Primero, se revela algo de verdad. Luego, cuando finalmente se acepta y es "ortodoxa", se revela otra verdad que reemplaza a la anterior. Esto sucede sin cesar, y siempre conduce a la expansión de la conciencia humana. Se nos da una idea, se deposita en la mente humana y gradualmente se convierte en un ideal universalmente reconocido, que eventualmente cristaliza en una ideología. En ese momento, ya se está acercando el momento de la introducción de una idea más amplia en la humanidad. Este proceso se repite una y otra vez y, como resultado, la humanidad gradualmente se vuelve más y más iluminada.

¡Que nadie piense que este libro va en contra de la ciencia! Quiero dejarlo claro desde el principio: son los científicos quienes en un futuro cercano confirmarán científicamente la presencia de dimensiones de ser fuera del mundo físico. Finalmente, todos admiten que las personas tienen muchas habilidades psíquicas.facultades ahora negadas por la ciencia materialista. ¡Es extremadamente importante darse cuenta de que en los niveles superiores siempre ha existido la "Ciencia Espiritual"! Es esta precipitación del conocimiento disponible en la conciencia humana durante largos períodos de tiempo lo que siempre ha respaldado el crecimiento continuo de la inteligencia y la sabiduría humanas, lo que a su vez ha impulsado nuestra evolución. A medida que continuamos absorbiendo las verdades superiores, continuaremos alejándonos cada vez más de la etapa animal y avanzando aún más rápido hacia una conciencia superior, hacia la iluminación, predicha por los maestros de la humanidad.

Estoy completamente convencido de que la verdad profunda se puede encontrar en el centro de todas las grandes religiones. Y, sin duda, los científicos ya han hecho innumerables descubrimientos y seguirán haciéndolo. Estos descubrimientoscondujo y conducirá a un aumento significativo en el conocimiento humano. Actuando juntas, estas dos ramas de la investigación humana (la ciencia y la religión) pueden y deben hacer, y ciertamente harán, la contribución más importante a la iluminación de la humanidad. La iluminación de la humanidad vendrá cuando nos demos cuenta de nuestro potencial de Inteligencia, Sabiduría, Amor. La sabiduría eterna que se expande a través de percepciones constantes conducirá a una comprensión aún mejor de la verdad universal y nos liberará de la carga de la ignorancia.

La verdad universal es de lo que me gustaría hablar en este libro. Esta es la verdad que refleja la realidad absoluta de nuestro universo. La verdad que todos los investigadores serios están tratando de descubrir. Verdad que encarna signos evidentes de verdad: consistencia, consistencia, consistencia. La verdad, que, aunque eterna, sigue revelándose a medida que crece la conciencia de la humanidad. Y lo más importante: esta es la Verdad que resuena con nuestra esencia más alta, más profunda y sagrada, con nuestro Corazón, con nuestra Alma. Esta es su principal característica.

La razón para escribir este libro fue nada menos que el deseo de ayudar¡dando vida a un nuevo paradigma cosmológico muy necesario!Este nuevo paradigma se está imponiendo ahora en todo el planeta. Todos tenemos una opción: podemos aprovechar esta nueva y tremenda oportunidad para expandir nuestra Conciencia (Vida) y convertirnos en una parte importante de estas nuevas energías. O podemos continuar viviendo en una ignorancia relativa, eligiendo lo que nos conviene de los sistemas de creencias limitados de nuestra cultura y dejando que otros piensen por nosotros. Y una vez más nos preguntamos: ¿Cuál es el sentido de la vida? En general, ¿tiene la vida un sentido? Y si es así, ¿qué debemos hacer con él? Estas tres preguntas son en realidad tres aspectos de la Búsqueda Unificada.

Eso es lo que estamos buscando. Y si participas en esta actividad tan importante, nunca verás el mundo de la misma manera.En las siguientes páginas, he tratado de reunir algunos de los conocimientos más profundos y esenciales que están disponibles para el Hombre. Conocimiento obtenido de los mejores maestros y de las mejores enseñanzas del pasado y del presente, confirmado (y ampliado) por la experiencia de vida. En una palabra, este es el tipo de conocimiento que conduce a la Sabiduría. La adquisición de una cualidad como la Sabiduría, junto con el Amor, es el objetivo principal de la ola de vida humana en la que nos encontramos ahora. Este libro debe encontrar una respuesta en su Alma, en su Corazón. Siendo esto así, no puede contradecir a la Mente Superior, porque el Alma y la Mente Superior están unidas en el Ser humano. Todo lo que en este libro no resuene en vuestro Corazón, en vuestra Alma, en vuestra intuición, ¡desechadlo!Acepta solo lo que resuena con tu Yo Superior y Mejor.

Pero debo decir desde el principio: no hay nada

realmente nuevo en este libro. Conceptos que pueden parecer desconocidos para muchas personassiempre existió en una enseñanza conocida por muchos nombres: Sabiduría Eterna, Sabiduría Antigua, Enseñanza Esotérica, etc. Cuando los que estaban en el poder intentaron suprimir este conocimiento, este fue preservado gracias a las sociedades secretas. Además, muchos de sus elementos se pueden encontrar en las escrituras del mundo, ¡especialmente cuando se leen en el nivel del Alma! Los divinos maestros de la humanidad siempre han enfatizado: cuanto másuna persona se ilumina, el significado más profundo se le revela en sus enseñanzas. Por lo tanto, a medida que crece nuestra conciencia, comenzamos a ver no solo el significado literal de las escrituras. Estos sermones e historias correspondían al nivel intelectual de la persona promedio que vivía en el momento en que fueron escritos. Pero también había verdades superiores en ellos, esperando que la gente se despertara y viera su significado.

Gran parte de lo que hablaremos también se puede encontrar en los libros de los grandes pensadores y filósofos de todos los tiempos. Y algunas ideas, tal vez en forma de intuiciones, te visitaron a ti mismo.Y, por supuesto, no quisiera que nadie aceptara todo esto como un nuevo evangelio. ¡En ningún caso! Y sin eso, no faltan personas que intentan convencerte de que el sistema de creencias en el que creían es el único, y que solo en él puedes encontrar respuestas a todas las preguntas. (Y cuanto más dudan de esto inconscientemente, más trabajan para convencer a los demás, y junto con ellos mismos). Lo último que necesita (y no encontrará en este libro) es más orientación sobre qué creer. Esta es solo una presentación de mi comprensión de la realidad, sin duda limitada e imperfecta. En general, aconsejo a todos los que han alcanzado el nivel de desarrollo de la conciencia en el que las personas comienzan a leer este tipo de libros, que se acerquen a cualquier texto de manera crítica y sin prejuicios. (Nosotros'

Por lo tanto, en este libro encontrará una "visión del mundo" integral (aunque brevemente expresada) (además, la "visión" del mundo externo e interno), que puede comparar con cualquier otra cosmovisión y, lo que es más importante, con la suya propia. experiencia de vida.Incluso si en este momento de tu vida estás convencido de que la vida no tiene ningún propósito, sigue leyendo. Hablaremos de que esta etapa también encaja en el gran significado de la Vida. ¿Qué pasaría si los humanos no solo creyéramos lo que nos dicen, sino que probáramos la realidad a través de nuestra propia experiencia y observación, a veces aceptando la sabiduría convencional y a veces buscando mejores explicaciones?

¿Qué pasa si todas las afirmaciones sobre el significado de la vida son incorrectas y necesitamos aprender a ver las respuestas por nosotros mismos?¿Qué grandes verdades recibiremos de las pequeñas verdades cuando, un poco más adelante en este libro, discutiremos los siguientes temas, muy diferentes y a veces bastante mundanos: Si las células de nuestro cuerpo se actualizan muy a menudo, entonces ¿por qué ya está en mediana edad comienzan a mostrar signos de envejecimiento? ¿Por qué envejecemos? ¿Por qué la muerte es buena para la raza humana y por qué no debemos tratar de eliminar la muerte natural? (Supongamos que está dentro de nuestro poder).

¿Por qué en el estado embrionario los humanos (y otros animales) repiten las primeras etapas del desarrollo animal?

¿Por qué los bebés tienen arrugas (y huellas dactilares) en las manos incluso antes de nacer?

¿Por qué a veces se encuentra ambigüedad de género entre las personas? (¿Y por qué es más común ahora que antes?)

¿Por qué algunas personas dedican su vida al servicio altruista, mientras que otras se vuelven tiranos codiciosos (fuertes y sin embargo mezquinos)?

¿Por qué cualquier persona normal suele distinguir la diferencia de una nota "falsa", incluso sin una educación musical, y por qué hay notas "falsas"?¿Por qué existe una relación directa entre la música, el sonido, las matemáticas e incluso el crecimiento orgánico?

¿Por qué se dice que las personas creativas y perspicaces tienen "gusto"? ¿Por qué es necesario el deporte y por qué es tan popular? ¿Cómo es que casi en todas partes justo debajo de la superficie del planeta hay agua potable limpia?

¿Por qué los minerales (metales, minerales, carbón, petróleo, etc.) se encuentran con mayor frecuencia en forma de "depósitos" dispersos unos alrededor de otros?de un amigo a largas distancias?

Si esto no es suficiente para ti, no te desesperes: quizás hablemos de muchos otros temas que te interesaron. Y en el proceso de discutirlos, este libro mostrará que el universo no es solo "amigable" con nosotros: nuestro verdadero amigo. Sí, nuestro Universo es un Ser benévolo, paciente, sabio en todo, amoroso. Un ser que toma en serio nuestros mejores y más elevados pensamientos. Tal vez estoy leyendo tu mente. Piensas: ¡cómo puedes decir tal cosa! ¡La historia recuerda tantos hechos sangrientos! ¡Sí, universo "amigable"!

Sí, todos hemos experimentado dolor y pérdida, algunos menos, otros más. Pero por dolorosa que pueda ser la fase humana de nuestro largo viaje, si vemos el panorama más amplio de la evolución cósmica, nos daremos cuenta de que nuestro sufrimiento (relativo y temporal) tiene sus causas, así como nuestras alegrías. Todo esto es parte necesaria en nuestra evolución consciente y en la evolución de nuestro Universo misericordioso. Puede ser difícil de creer, pero todos jugamos un papel en el "Plan Divino", o en el "Gran Plan Integral", como también se le llama. El mundo que se nos da es increíblemente hermoso y sorprendente.

Y, lo más importante, debemos reconocer que la mayoría de nuestros problemas (humanos) son nuestra propia creación. Esto significa que la única forma de elevarnos más alto y no causarnos más dolor a nosotros mismos es elevar la conciencia. ¡El crecimiento de la conciencia es una y, a menudo, la única solución a todos los problemas!

Y de nuevo (por última vez): ¿Cuál es el sentido de la vida? En general, ¿tiene la vida un sentido? Y si es así, ¿qué debemos hacer con él? Toda persona consciente busca saber esto. ¡Cada persona necesita saber esto!

Saber:
Primero debemos entender que siempre seremos parte, una parte creciente de esta maravillosa - increíble - bendición absoluta llamada Vida.

Vida es un estado en constante expansión en el que siempre has estado y siempre estarás (ya sea en el cuerpo físico o fuera de él).

Vida experimentado como el Eterno Ahora.

Vida permite y alienta, de hecho incluso exige que nos demos cuenta de nuestro potencial y cumplamos nuestro destino. ¡Nuestro destino implica el crecimiento constante de la conciencia para que podamos convertirnos nada menos que en co-creadores, junto con todas las demás formas vivientes dentro de la Vida mayor!

Vida mucho más importante y mucho más complejo de lo que podemos imaginar. Y, lo más importante, ¡nuestra gran Vida conducirá a la humanidad a un futuro maravilloso que está abierto para nosotros y espera solo nuestra decisión y acción equilibradas!

Vida esto es Todo: lo que tantas veces, sin pensar y sin apreciar, damos por sentado. Debemos comprender y despertar a la comprensión de que la pequeña vida que experimentamos es un regalo, unido al deber de la Vida absoluta, que abarca todo el universo conocido y desconocido, todo lo que existe, el Cosmos. Algunos lo llaman Dios.

Sin embargo, al establecer nuestras prioridades, nos

hemos desviado significativamente de hablar de nuevas energías que tienen un impacto en nuestro planeta.Volvamos a este nuevo.

Aproximadamente cada dos milenios, se introduce una nueva capa de enseñanzas en la conciencia de la humanidad y, gradualmente, la mayoría de las personas se vuelven partidarios del nuevo paradigma. Estas verdades superiores provienen de los Reinos superiores y de los Seres superiores que gobiernan la raza humana. He aquí uno de los principales conceptos del nuevo paradigma actual: no vivimos en un universo de materia y espacio, sino, en esencia, en un universo de energías.Recuerde: ¡no existe la "materia" densa! Lo que tomamos por materia es sólo el resultado de la actividad de la energía en el nivel más bajo y burdo. Y aunque la ciencia ha reconocido recientemente esta importante verdad, solo unos pocos de los científicos más ilustrados (y su número va en aumento) se dan cuenta de que las energías tienen una cualidad que podría llamarse conciencia.Digámoslo de otra manera: la energía es el resultado de la actividad de la conciencia. Lo que percibimos como materia es, de hecho, energía (conciencia) en el nivel más bajo.

¿Qué es un nivel? Hablemos de esto con más detalle, porque este tema también es muy importante.Todo el mundo sabe que existimos y nos expresamos en diferentes niveles. Tenemos un cuerpo físico y nos expresamos físicamente; tenemos emociones y nos expresamos emocionalmente; tenemos una mente, y por lo tanto somos capaces de pensar racionalmente. Pero muchos de nosotros no comprendemos que nuestros cuerpos emocional y mental son tan reales como el cuerpo físico, y que existen en sus niveles (planos, esferas) de la misma manera que nuestro cuerpo físico existe en el plano físico. Y, aunque suelen estar asociados a nuestro cuerpo físico en estado de vigilia, pueden existir sin él. Se entiende que estas son las esferas (cuerpos) en las que "nosotros" habitamos durante el sueño (y también después de la muerte del cuerpo físico). Pero el aspecto correspondiente de nosotros vive en estos campos (esferas) incluso cuando estamos despiertos. En el estado de vigilia, estos campos (esferas, cuerpos) van un poco más allá de los límites de nuestro cuerpo físico y pueden ser percibidos desde el exterior como nuestra "aura".

Todos nuestros cuerpos energéticos (tanto inferiores como superiores, espirituales) juntos forman nuestro campo energético, nuestro verdadero "yo". Los científicos de mentalidad ortodoxa están tratando de probar que solo existe un plano físico y que todas nuestras diversas emociones y pensamientos nacen de causas físicas. Nunca probarán esto: los elementos químicos, como otras materias, no son capaces de pensar y sentir como lo hacemos a nivel humano. Lo que es cierto es que estos cuerpos de energía más finos penetran profundamente en nuestroel cuerpo "físico" cuando estamos vivos y despiertos.

Nuestro cuerpo físico en sí mismo es solo una forma de energía inferior y más burda. Para ver esto, considere casos en los que las personas están gravemente lesionadas y "se desmayan" (permanente o temporalmente), incluso si el cerebro no sufrió daños físicos. Por el contrario, hay casos en los que una persona tiene una lesión cerebral grave o incluso se le extirpa una parte importante del cerebro, pero la capacidad mental no es suficiente.disminuye y todavía conserva las habilidades de pensamiento. ¿No indica esto que tenemos una mente que no depende del cerebro para su existencia, sino que usa el cerebro como un medio para funcionar en el mundo físico?

Queda mucho por aprender sobre el llamado "retraso mental" en el futuro. No creo que en la mayoría de los casos la personalidad o la mente estén retrasadas; más bien, este cuerpo mental no concuerda lo suficiente con el cuerpo físico, quizás debido a lesiones físicas. O puede ser porque el Yo Superior, o el Alma, persigue sus propios objetivos.Una posible razón para el "retraso mental" podría ser que durante muchas vidas la mente se ha vuelto demasiado dominante y en realidad ha bloqueado el aspecto del amor. En tales situaciones, puede seres deseable "dejar de lado" la mente (hasta cierto punto) por un período de la vida, para que la energía del Amor (Corazón) pueda fluir libremente y traer más armonía a un ser vivo.

¡Es bastante obvio que las verdaderas amenazas a la humanidad provienen de aquellos cuyo corazón, o "cuerpo de amor", es defectuoso! no de esosque tiene deficiencias en el cuerpo mental, emocional o físico. Necesitamos entender que nuestro mundo físico y nuestras sensaciones físicas son solo una forma de energía (relativamente) baja y burda, y de hecho son como una sombra distorsionada de los mundos superiores. Y, lo que es más importante, debemos desarrollar una conciencia superior en nosotros mismos para comprender estos mundos superiores. Solo entonces será mucho más fácil comprender otros reinos de la realidad. Esto es especialmente cierto en los planos o mundos espirituales. Sí, hay planos o mundos (¿o esferas? ¿dimensiones? ¿campos?) enormes y superiores (algunos los llaman espirituales), y el mundo interior del individuo los refleja vagamente y en un nivel mucho más bajo.

Ahora aclaremos lo que entendemos por "planos o mundos espirituales".Aparte de todas las asociaciones que podamos tener con la palabra "espiritual", se refiere principalmente a niveles específicos de conciencia que están relacionados con, pero que trascienden, los reinos de conciencia en los que normalmente habitamos. En otras palabras, en cualquier dimensión (mundo) que viva un determinado ser (mineral, vegetal, animal, humano, en el mundo del Alma, etc.), los seres en reinos superiores en cierto sentido realizan una función evolutiva "espiritual" en relación con los seres que están en los reinos de los niveles inferiores. Esto significa que nosotros, los humanos, podemos ser considerados "espirituales" en relación con los reinos inferiores.

Por lo tanto, cada vez másiluminados, comenzaremos a asumir una mayor responsabilidad por ellos. Del mismo modo, quienes están por encima de nosotros en la ola de la vida (los llamamos ángeles de la guarda o espíritus guías, la Jerarquía Espiritual, etc.) son los encargados de ayudarnos en nuestra evolución.Cuando nuestra conciencia crezca, cuando nos volvamos seres sabios y amorosos y seamos iniciados en el próximo reino superior (el reino del Amor-Sabiduría puro), ya no lo percibiremos como un cielo espiritual, sino simplemente como nuestro hábitat habitual. (Hablaremos de esto más adelante).

Mirémoslo desde un ángulo diferente: si algún gran Ser

Divino (cuyo hábitat normal es el mundo espiritual) descendiera a un nivel inferior, que, sin embargo, para nosotros sigue siendo espiritual, entonces para este gran Ser sería una tragedia, degradando, por así decirlo. Las escrituras y los mitos del mundo nos dicen que esto realmente sucedió (aunque rara vez).Por supuesto, no estamos hablando aquí de aquellos que se sacrifican encarnándose en el reino humano para ayudar a nuestra mayor iluminación. Hacemos hincapié una vez más: al hablar de "niveles espirituales", simplemente nos referimos a niveles superiores de conciencia en los que aún no moramos conscientemente y que, por lo tanto, no podemos comprender completamente. Por supuesto, estos reinos espirituales no se parecen en lo más mínimo a una imagen infantil ingenua en la que personas hermosas se sientan en las nubes y escuchan la música de las arpas, y los ángeles que los vigilan revolotean.

Todos los maestros y escritos inspirados nos dicen que este espectro superior de Vida se percibe como más brillante y significativo que los reinos que ahora habitamos. Y, aunque encontraremos que la vida en estos reinos superiores trae mucha más alegría, nuestra búsqueda espiritual continuará allí.Cuando alguien merece el derecho de entrar (o moverse a) este plano de existencia (y eventualmente nos sucederá a todos a través de nuestros esfuerzos durante muchas vidas), está convencido de que este es el nivel de las mejores cualidades humanas - y mucho más. Es el asiento de la mente abstracta, la correspondencia más alta de la mente discriminatoria, donde la comprensión intuitiva (su a veces llamado conocimiento directo). ¡Este es el Reino donde reinan el Amor sabio y la Sabiduría amorosa! La compasión, el altruismo y la razón pura llenan el ambiente. Este es el "Cielo", donde todos están unidos por una Voluntad ardiente, enfocada y resuelta para servir al Plan Divino. Estos son los tres aspectos principales, o los tres Rayos de Energía Divina. ¡Espacio! En esos raros momentos en los que alcanzamos nuestro estado más elevado de conciencia gozosa y amorosa, cuando experimentamos nuestros pensamientos más sutiles, solo tocamos el reflejo inferior de este verdadero hogar de nuestro Ser espiritual (hablaremos de esto más adelante). Pero cabe señalar que aquellos seres que han superado el nivel físico en su desarrollo y cuya conciencia está concentrada en estos, como los llamamos, mundos Espirituales, perciben todo de una manera completamente diferente, no de la misma manera que nosotros. Por supuesto, esto es de esperar, porque su perspectiva es mucho más alta y más amplia que la nuestra.

Otro punto importante: todo lo que tú, yo o cualquier otra persona sabemos realmente son nuestros pensamientos y sentimientos. En última instancia, es imposible probar con absoluta certeza que existe algo más que la conciencia. No tienes que pensar mucho para estar convencido de esto. Pero los "juegos mentales" no son la intención de este libro. Hay muchas razones importantes por las que existe lo que percibimos como el mundo exterior, y esto debe tomarse en serio. Volvamos a la energía.

A medida que comenzamos a darnos cuenta de que "todo es energía", que toda energía tiene el potencial de ser buena o mala (para nosotros) y que cualquier cosa con la que entremos en contacto nos afecta de alguna manera, comenzamos a ver las diferencias mucho mejor. entre fuerzas. Cualquier lugar, cualquier persona, árbol, clima, ruido, canción, color: todo, hasta cierto punto, contribuye al crecimiento de nuestra conciencia o la ralentiza.Entonces, cuando alguien comienza a darse cuenta de que Todo es Energía, y aprender el lenguaje de la energía es el paso más importante en la evolución espiritual de esta personalidad. Podemos entender la energía como lo que percibimos en el nivel de los sentidos físicos, pero las energías realmente significativas son extremadamente sutiles y solo se pueden sentir con la ayuda de nuestros cuerpos de energía superiores (espirituales) (y sus centros) que tienen la vibración adecuada. frecuencias Una pequeña digresión.

Lo anterior explica por qué debemos, siempre que sea posible, utilizar los "dones de la naturaleza" en su estado natural, cuando las energías están mejor equilibradas y se complementan entre sí, lo que resulta en el efecto más beneficioso. ¡Debemos entender que el todo no es de ninguna manera la suma de sus partes! El todo, y sólo el todo, contiene toda la esencia interna de la Vida. Es por eso que cuando desarmamos un producto natural e intentamos aislarlo, concentrarlo y recolectar su esencia, a menudo se pierde mucho irremediablemente. Tal estupidez ya nos ha hecho mucho daño: enfermedades, drogadicción, otras adicciones, etc. Ya sea que se trate de energías "físicas" o "sutiles", ya sea que estemos tratando de aislar las vitaminas de los alimentos o la energía de la luz de la luz solar, debemos comprender:Debemos entender que incluso las formas inferiores de energía no son simplemente fuerzas ciegas: tienen su propio ritmo de vibración y corresponden a las manifestaciones superiores de energía.

Por ejemplo, se sabe que las proporciones en nuestro sistema solar (las órbitas de los planetas, etc.) están directamente relacionadas con lo que percibimos como armonía musical, formas geométricas, proporciones matemáticas, etc. Debido a la omnipresencia de proporciones y proporciones correctas, las personas perciben subconscientemente algunos sonidos y formas como hermosos y otros como "feos", y finalmente aprenden a usarcorrectas proporciones y relaciones en todos sus asuntos. Esto por sí solo debería ser suficiente para mostrar a los más escépticos que todo el universo se basa en una sola idea, un plan. Aclaremos: el Plan Divino. Si hablamos de creación, se sabe que en diversas tradiciones religiosas todo comienza con una palabra o un sonido. El sonido inicia o, al menos, acompaña el inicio de la manifestación física. Es lo correcto. El sonido, audible o inaudible, acompaña la creación (y destrucción) de la materia, al igual que la luz (y el rango electromagnético de energías aún más altas) es un creador en los niveles más altos. Cuando esta vibración que acompaña al universo alcance la plena armonía, tendremos una sinfonía de esferas, el cosmos llegará a su plenitud y podremos sumergirnos en una paz silenciosa.

En resumen: Materia-Espacio = Energía = Conciencia; es todo lo mismo, pero se percibe de manera diferente en diferentes niveles deiluminación. Sin embargo, la Conciencia sigue siendo primaria; de hecho, este es el universo. ¡Todo es Vida Consciente! Sí, cada átomo, molécula y célula, cada piedra, cada planta, sin mencionar cada galaxia, estrella o planeta, todo está dotado de su propia energía inherente, su propia forma de conciencia. Además, lo que llamamos "espacio" en realidad simboliza el nivel más alto de Conciencia. Se dice: "Dios habita en las brechas". Si es así, ¿qué significado tiene esto para la ciencia (o "arte") de la astrología?

Si viviéramos en un universo de materia, entonces los principiosLa astrología sería difícil de reconocer de alguna manera confiable. Por otro lado, si todo el universo consiste en energías conscientes (de hecho, de grandes Seres) que forman una unidad cósmica, esto, por supuesto, es evidente.por sí mismo aún no prueba los principios básicos de la astrología, pero al menos ofrece un contexto en el que las energías de lo que percibimos como cuerpos cósmicos pueden afectarnos a nosotros y a nuestro planeta. Si la gravedad, la luz del sol y el "viento solar" que conocemos, los rayos cósmicos y muchas otras fuerzas conocidas y desconocidas afectan a nuestro planeta en niveles más bajos (estas influencias pueden medirse con la ayuda de los instrumentos actualmente existentes, aún imperfectos), no pueden ¿Las energías estelares o planetarias también tienen un efecto sobre nosotros en niveles superiores que aún no se pueden medir con instrumentos? Nuestra joven humanidad ni siquiera ha comenzado a estudiar la miríada de energías y fuerzas que forman nuestro cosmos. Hay otros niveles y rangos del ser que aún no podemos ni siquiera imaginar.

Veamos a dónde nos lleva esta línea de razonamiento. Si (como afirman las Enseñanzas de la Sabiduría) el Universo es la extensión infinita de la Vida, la Mente Cósmica que abarca todos los niveles de conciencia y se extiende desde el "sueño sin sueños" de la piedra hasta la incomprensible, grandiosa mente ardiente del gran "Señor" de la galaxia - y más allá Entonces, ¿qué es exactamente la conciencia? Por supuesto, esto es algo mucho más y muy diferente de todo lo que los humanos podemos comprender hoy en día con nuestras mentes muy limitadas. La imposibilidad de determinar las cualidades de esa conciencia que poseen los reinos superiores, inferiores o paralelos es obvia: por estonecesitamos tener un nivel comparable de conciencia. Dado que la humanidad ocupa solo una pequeña parte en una gama muy grande de Conciencia-Vida, no hay necesidad de hablar de eso.

En el primer intento de dar una definición de conciencia, inmediatamente nos encontraremos con las severas limitaciones de nuestros idiomas europeos, idiomas principalmente del comercio y la tecnología, casi ajenos al Espíritu. El significado atribuido a nuestra palabra "conciencia" se reduce al ámbito de la razón y el sentimiento, porque es aquí donde la humanidad se polariza, y por lo tanto la palabra misma no puede significar nada que vaya más allá de estas funciones.¡Pero el lenguaje moldea (y limita) nuestros conceptos!

Además, las personas involucradas en la física generalmente se enfocan en su mente concreta (inferior) y perciben todo en este nivel. No pueden ver claramente en los niveles abstractos superiores de la conciencia humana y, por lo tanto, les resulta difícil comprender estos mundos más sutiles.(Hay razones para esto, y hablaremos de ello más adelante.) Tan pronto como nuestra conciencia se expande y se eleva a tal nivel que ya captura la esfera del amor-sabiduría (¡una esfera muy importante!), comenzamos a comprender el enorme potencial que tenemos y los grandes dones superiores que nos esperan.

Puede que no entendamos esto inmediatamente, pero cuando empezamos a relacionarnos con la vida con un sentido de responsabilidad y buena voluntad, entramos en el Camino. (que nosotros mismos creamos) - el camino espiritual más alto del que todos hablanreligión. Una responsabilidad. buena voluntad Atención. Gracias a ellos, la sabiduría se adquiere gradualmente a lo largo de muchas vidas. Con esfuerzo y con el tiempo volviéndose lo suficientemente sabios y puros, finalmente dejamos de ser animales de alabanza propia y comenzamos a experimentar y vivir nuestra Divinidad interior. De esta manera, adquirimos tanto el deseo como la capacidad de convertirnos en verdaderos servidores del planeta.

En este paso tan importante, comenzamos a cumplir nuestro papel destinado en el reino humano, es decir, ¡nos convertimos en co-creadores conscientes! Y junto con otros seres de todos los reinos, con apoyo espiritual, comenzamos a trabajar en el proceso de implementación del Plan Divino.Sabemos cómo ha sucedido esto a lo largo de la historia a través de las biografías de personalidades extraordinarias: aquellos artistas, filósofos, maestros espirituales y científicos que ayudaron y están ayudando a desarrollar nuestra verdadera civilización. Estos seres altamente desarrollados son a menudo llamados luminarias o antorchas, porque tienen una Luz interior que refleja un alto grado de sabiduría e inteligencia pura, inalcanzable para la mayoría de las personas. Pero deben saber que es en esta dirección que la mayor parte de la humanidad se está precipitando ahora gradualmente, y este proceso continuará en la era venidera. Es interesante notar que muchas de estas personas probablemente ni siquiera sabían que estaban ayudando a la evolución planetaria.

Podemos pensar que la conciencia es la acumulación de lo que hemos absorbido a través de nuestros sentidos y procesado con nuestra mente. Pero repito: la iluminación más alta nos llega a través de nuestros centros superiores, centros de energía, que en algunas tradiciones se llaman chakras (hablaremos de esto más adelante), y no a través de nuestros sentidos físicos.Dado que nuestro planeta está rodeado y permeado por innumerables energías que emanan de fuentes cósmicas y solares, así como de las formas de pensamiento de nuestras vidas planetarias en todos los niveles, la analogía con sintonizar un receptor de radio será apropiada: elegimos cuál de estas ondas "captura". ¡Pero también nos irradiamos a nosotros mismos! Por eso es tan importante cuidar relacionarnos con nuestros pensamientos. Después de todo, la mente es el "constructor" a nivel mental, y debemos tener cuidado con lo que construimos. Y es por eso que la oración y la meditación sinceras y desinteresadas pueden sintonizarnos con vibraciones (ritmos) más altas, ayudándonos así a "absorber la Luz".

Echemos un vistazo más de cerca a la analogía de la luz aplicada al nivel de crecimiento espiritual. La luz en el sentido literal y figurado de la palabra comienza con la máxima libertad. Al entrar en contacto con la materia (impregnando la materia, si se quiere), pierde algo de libertad, pero al mismo tiempo eleva la "conciencia" de la materia.La penetración del Espíritu en la materia crea conciencia. Luego, con el tiempo, estas energías espirituales separan la parte de la materia que ha recibido la Luz, permitiéndole así ascender, o continuar su crecimiento, en el reino donde estaba: mineral, vegetal, animal, humano u otro. La parte no iluminada restante se deja esperar la próxima ola, y este proceso continúa hasta que finalmente todo se "libera" o alcanza la "perfección".

Esta es la verdadera evolución, la evolución de la conciencia. ¡Liberación de la materia! Las teorías científicas modernas afirman que el universo "se ralentiza" (segunda ley de la termodinámica), pero en realidad es todo lo contrario: la conciencia inferior (lo que percibimos como materia) asciende a la conciencia superior (espiritual). La "materia" se convierte en energía: energía espiritual. El Universo real cobra vida cada vez más. ¡Y nosotros somos parte de todo! También podemos pensar que la "materia" existe sólo en el plano físico, pero los reinos de la conciencia también tienen sus propios niveles más burdos o inferiores. Entonces, algo análogo al proceso descrito anteriormente tiene lugar en todas las dimensiones a medida que el trabajo de iluminación "One Life" supera la inercia de estas energías más bajas y burdas.

Otro secreto importante: un rasgo característico de toda energía en Nuestro Universo Consciente es el deseo de equilibrio y armonía. Este es uno de los caminos del Cosmos hacia la perfección final. Y en el plano físico, esto se lleva a cabo gracias a la conocida ley de acción y reacción. Debemos entender que, como todas las leyes físicas, tiene correspondencias superiores en planos superiores. En el reino humano, el equilibrio y la armonía se logran en última instancia a través de la justicia. Esto significa que nada "pasa sin dejar rastro": con nuestras acciones, multiplicamos lo que se nos da o quitamos de estos regalos. Al final, todo se equilibra. De hecho, "¡lo que sembramos, luego cosecharemos!"

En los niveles que ocupan nuestras personalidades (físico, emocional, mental), la manifestación de esta ley en el tiempo se llama karma. Estamos ganando y seguiremos ganando karma "positivo" o "negativo" dependiendo de nuestras acciones. Es importante entender que el karma no existe para castigarnos, sino para enseñarnos. Y cuando alcancemos un nivel en el que usemos nuestra mente, amor y sabiduría para no provocar malas acciones (razones), no tendremos que sufrir más las contrarreacciones (consecuencias) de las fuerzas que ponemos en movimiento. Hagámonos ahora la pregunta: ¿podemos incluso tratar de comprender el infinito, estos reinos superiores, la Mente de Dios? ¡Por supuesto que no podemos!

Pero podemos discernir algunos detalles de los aspectos y atributos divinos en nuestro nivel inferior de existencia. Esto nos lleva de vuelta a la fuente de Todo: la Vida Cósmica, donde todo "vive y se mueve y tiene su ser" (ver Hechos 17:28). ¿Cómo podemos nosotros, que estamos sólo en la etapa humana del camino Divino, conocer lo Incognoscible? ¿Qué podemos saber sobre la Deidad absoluta de todas las religiones, sobre el Principio Universal y las "Leyes de la Naturaleza", como lo llaman los científicos, acerca de este Universo Infinito Viviente, Omnisapiente, Amoroso, en el que nosotros y todo lo demás tenemos un papel tan importante que desempeñar? Principalmente: tratando de averiguar algo sobre las energías universales (es decir, universales), chocamos una y otra vez con los números "tres" y "siete", con trinidad y septenario.

Aquí hay algunos ejemplos de los siete en el universo:

Los siete colores del arco iris.
Siete notas.

Siete tipos de estructuras cristalinas.

"Siete agujeros" en la cabeza humana.

Siete centros principales de energía-chakras.

Siete períodos de edad de la vida (hablaremos de esto más adelante).

Siete maravillas del mundo.

Siete días de la creación y siete días en una semana.
Incluso los siete pecados capitales.

Y esta lista puede seguir y seguir. En cuanto a la trinidad: desde un punto de vista científico, toda energía, todo lo manifestado consiste en polaridad y la fuerza generada por esta polaridad. Los polos positivo y negativo y la fuerza generada por ellos son siempre triplicidad, empezando por el átomo y hasta el Cosmos en su conjunto. Otra cualidad que tiene toda expresión de Vida es que en todo, incluido el Universo entero, se alternan la actividad y la aparente calma. En las Enseñanzas de la Sabiduría, esto se llama manifestación (manifestación) y pralaya, respectivamente. En un futuro próximo, los científicos aprenderán mucho más sobre la universalidad de este fenómeno.

En las enseñanzas religiosas de todo el mundo, los números tres y siete son muy comunes.En todas partes se dice que la Unidad Absoluta, o Dios, se manifiesta en tres aspectos. En nuestro propio reino humano, podemos entender estos tres aspectos como:

1. Voluntad divina;

2. Amor divino;

3. Mente Divina.

Todas las religiones se basan en esta Trinidad y la deifican en forma de Deidades personificadas. En el cristianismo patriarcal, este es el Padre, el Hijo y el Espíritu Santo, en el hinduismo ortodoxo: Shiva, Vishnu y Brahma, en otras religiones, el Padre, la Madre y el Niño divinos, etc. Están conectados con los primeros tres Rayos Cósmicos. En los niveles superiores, se atribuyen cuatro cualidades (o Rayos) adicionales al Tercer Rayo, la Mente Divina. En conjunto, forman siete. Vamos a nombrar Rayos adicionales:

Rayo 4: Armonía-Belleza por esfuerzo o lucha; Rayo 5: Conocimiento Concreto;

Rayo 6: Idealismo y devoción;

Rayo 7: Organización y Ritual creativo o Ritmo. En otras palabras, conciencia espiritual superior:

7) perfectamente organizado,

6) representa un ideal en cualquier situación

5) tiene todo el conocimiento

4) crea perfecta belleza y armonía,

3) se expresa de manera profundamente inteligente y activa,

2) sabio, benévolo, lleno de amor,

1) tiene la Voluntad y el Poder para asegurar que todo fue posible.

Estos signos corresponden a los Siete Rayos Divinos. Los siete rayos se pueden dividir en tres rayos de aspecto y cuatro rayos de atributos. Estas siete energías conscientes, que impregnan todo el Universo y, entre otras cosas, determinan las cualidades de nuestras personalidades, provienen de un Principio inmutable e incognoscible; llamémoslo así a falta de una palabra mejor. Muchas religiones del mundo lo llaman Dios.

Más adelante en este libro continuaremos hablando de los tres rayos cósmicos principales de energía, así como de cuatro adicionales, que juntos forman el septenario espiritual. ¿Recuerda los "siete espíritus delante del trono" (ver Apocalipsis 4:5)? Tres y siete: estos números se encuentran una y otra vez en las enseñanzas tanto religiosas como seculares. Es muy importante saber que toda la vida en el universo, desde la piedra hasta el sistema solar, surge bajo la influencia de estos siete rayos de energía cósmica más poderosos, actuando en una combinación u otra.

En otras palabras, en nuestro Universo Consciente, los Siete Rayos son la fuerza impulsora detrás de la evolución. Dan el ímpetu necesario para que toda la vida se desarrolle más, a su próximo paso. No hay rayos buenos o malos. ¡Cualquier energía puede ser mal utilizada! El resultado depende de muchos factores. Si hablamos de cómo se manifiesta esto en una persona, entonces el factor principal es el nivel de conciencia espiritual alcanzado. Por ejemplo: La persona del "Primer Rayo" el que demuestra el Rayo de Voluntad y Poder está lleno de la energía de estas cualidades. En un polo puede ser un tirano que domina a través de la fuerza, el control, la crueldad y valora únicamente el poder sobre los demás. En un giro superior de la espiral evolutiva, la gente del Primer Rayo, siendo líderes por naturaleza, usa su voluntad para ayudar a la humanidad y hacerla avanzar.

La persona del "Segundo Rayo" demuestra las cualidades de Amor-Sabiduría y puede ser una persona débil, temerosa o inofensivamente sentimental, o alguien que ejemplifica la compasión, el altruismo, el coraje y la sabiduría para ayudar a la humanidad. Estas son las cualidades del Corazón. Una persona cargada con las energías del "Tercer Rayo" de Razón y Actividad puede esparcir energía en actos sin sentido o tratar de manipular a otros para su propio beneficio. Pero si es una persona iluminada hasta cierto punto, entonces usa sus habilidades mentales para coordinar mejor la energía para elevar el nivel de la civilización humana. Este rayo está asociado con la "Ley de la Economía" (que se manifiesta como eficiencia).

Las personas del "Cuarto Rayo", el Rayo de Armonía a través de la Belleza (o Conflicto), no son aburridas, les encanta discutir e incluso pueden ser pendencieros. Les gusta correr riesgos, se aburren rápidamente con la seguridad. Pero son personas creativas, a menudo dramáticas y extravagantes, que pueden crear una belleza increíble en la forma, la música, la literatura, el drama, etc. (No es raro que los actores y otras personas creativas tengan una naturaleza pendenciera).

Pero el hombre del "Quinto Rayo", por el contrario, a veces puede parecer aburrido. Porque es el Rayo del Conocimiento Concreto o Ciencia. En el peor de los casos, esa persona puede empantanarse en tonterías insignificantes. Pero este Rayo (como el cuarto) es el Rayo del reino humano. Es él quien nos lleva a convertirnos en seres pensantes. Este Rayo guía a la humanidad hacia la tecnología y la información (y lejos del enfoque en las emociones y los deseos). Ahora tal influencia es muy necesaria.

El hombre del "Sexto Rayo" puede conducirnos al abismo de los de mente estrechafanatismo - o, si se trata de una persona iluminada, a las alturas de los más grandes ideales. Después de todo, este es el Rayo del Idealismo y la Devoción. Ha tenido una fuerte influencia en la humanidad durante los últimos siglos.

Y finalmente, el Séptimo Rayo es el Rayo de Organización y Ritual. Ahora está comenzando a influir en todo nuestro planeta y ya nos ha dado (entre otras cosas) el tipo de burócrata que no ve nada más allá de sus reglas y regulaciones.Pero gracias a este mismo Rayo, surgirán tanto grupos grandes como pequeños y organizaciones que darán a las personas la oportunidad de realizar su potencial. Y, lo que es muy importante, ¡la energía del Séptimo Rayo permitirá a la humanidad conocer y utilizar los ritmos y rituales de la Vida!

Todos hemos conocido a personas que se ajustan a las descripciones anteriores. Pero la mayoría de las veces las personas demuestran las cualidades de más de un rayo. El hecho es que nuestro cuerpo físico, y los cuerpos emocional (astral) y mental, y el "yo" inferior (personalidad), y el Alma misma tienen su propio rayo. Su combinación determina lo que seremos en la encarnación.¡Y es muy importante resaltar su esencia sutil de nuestros aspectos antes mencionados! El conocimiento de los Siete Rayos comenzó a revelarse a la mente humana a finales del siglo XIX. Quizás este sea el principal y más importante sacramento de los que hoy se están manifestando afuera.

Ahora hay mucha información disponible sobre los Siete Rayos, y será muy útil familiarizarse con ella.Si, al comprender las energías Divinas y profundizar en las nuevas revelaciones que ahora están disponibles para la conciencia humana, experimenta conmoción y miedo, recuerde el lado "brillante" (o iluminado) de la moneda. Piensa en el glorioso futuro que la humanidad tiene reservado si no perdemos esta oportunidad de elevar y expandir aún más nuestra conciencia. Por supuesto, algunos preferirán permanecer "apegados" a sus viejas ideologías y sistemas de creencias y no aprovecharán las nuevas energías y las nuevas oportunidades de cambio y crecimiento. Pero pensemos: ¿queremos seguir siendo "cavernícolas"? Ellos también estaban probablemente satisfechos con sus creencias primitivas. Entonces, aquí están los puntos más importantes que quería cubrir en la primera sección:

El Universo (Cosmos) como un todo es una energía consciente. El Universo (Cosmos) como un todo es Unidad.

Esta Unidad se manifiesta en el Universo como siete Rayos Cósmicos de energía. El Universo (Cosmos) lucha por el equilibrio y la armonía, que se manifiesta en el reino humano como justicia. Toda la vida está reemplazando sin cesar unos a otros estados de actividad y paz exterior.

Exploraremos estos y otros temas con más detalle más adelante en el libro. Pero primero, debemos aclarar algo para nosotros mismos, sin lo cual nuestro progreso ascendente es imposible.

El Universo Como Nuestro Maestro

En algún lugar del laboratorio, un lindo ratón blanco corre ágilmente por el laberinto. Este pequeño roedor conoce su camino y sabe lo que le espera al final: ya ha estado allí más de una vez. Con bastante confianza y sin ningún problema, llega a donde quiere. Casi sin detenerse, se levanta sobre sus patas traseras, presiona un pequeño botón con su pequeña nariz y observa con agradable anticipación cómo caen granos de comida desde algún lugar de arriba.Si pudiéramos leer los pensamientos de los ratones, tal vez ahora sabríamos lo orgulloso que está este animal de haber aprendido a obtener alimentos sabrosos y satisfactorios. Al mismo tiempo, no tiene idea de las personas (están fuera de su campo de visión) que ahora lo observan y que concibieron y organizaron este experimento.

Pensemos: ¿somos los humanos tan diferentes a este ratón? Vivimos nuestras vidas, "descubrimos" nuestros descubrimientos, "inventamos" los nuestrosinventos (y conseguir nuestra propia comida). ¿No nos atribuimos el mérito de nuestros resultados? Al mismo tiempo, no sabemos la verdad de que hay seres mucho más sabios y desarrollados que nos están observando desde otras dimensiones. Seres superiores que generan ideas que promueven nuestro progreso y crean nuevas situaciones de aprendizaje que nos llevarán, individual y colectivamente, a la siguiente etapa de nuestra evolución. Muchos inventores e investigadores admiten que han sido ayudados por "destellos" de intuición, sueños o ideas. También se sabe que muchos inventos y descubrimientos fueron hechos simultáneamente en diferentes partes de la tierra por personas que (conscientemente) no se contactaron entre sí.

Hemos llegado a nuestro segundo tema principal: el universo que los humanos percibimos con nuestra mente y los cinco sentidos físicos no es más que un entorno de aprendizaje perfectamente organizado.Sí, lo que nos parece una extensión infinita de espacio con inclusiones ocasionales de materia cósmica ("macrocosmos"), así como nuestros propios cuerpos físicos ("microcosmos") es en realidad un maestro. El maestro es tan perfecto, sabio y amoroso que, a través de cualquier reino de la naturaleza, evoluciona una "unidad de conciencia" (mineral, vegetal, animal, humana u otra) y en cualquier nivel de desarrollo en el que se encuentre esta unidad, su entorno, el medio ambiente, ciertamente será utilizado por su Ser Superior para elevar a este individuo al siguiente nivel de iluminación. Cada evento, cada experiencia que tenemos en la vida nos brinda la oportunidad de aprender algo. Muy a menudo la experiencia se repite una y otra vez hasta que finalmente aprendemos de ella.

Y de nuevo, hablemos de la necesidad de desarrollar conciencia. El teatro de la vida no es solo eventos ("obra"), sino también un escenario con escenario, que también es necesario para que la obra se lleve a cabo. La vida de los reinos mineral, vegetal y animal nos enseña tanto como los cielos. Pero lo más importante, como ya se mencionó, es desarrollar la cualidad de discriminación a lo largo de la vida. La discriminación contribuye a la percepción (y en última instancia a la creación) de las proporciones y relaciones correctas en todas las cosas. En el plano físico, la proporción y las relaciones correctas dan lo que percibimos como verdadera belleza, y la belleza es una de las manifestaciones más bajas del Amor Cósmico. Tomemos, por ejemplo, el arte (cualquiera): el verdadero arte surge debido al hecho de que el artista aplica la discriminación al elegir y combinar las proporciones y proporciones correctas, cuyo resultado es la belleza. Y la belleza es solo una de las formas en que el universo nos enseña la importancia de estas cualidades: distinción, proporción, consistencia.

El verdadero arte en todas sus formas, desde la arquitectura hasta el tejido, es la forma más baja del Amor cósmico creado por el hombre (en el plano físico). Por lo tanto, nuestras creaciones son la manifestación más alta de una forma puramente física. Todos hemos oído que el escultor, al trabajar con una piedra, recorta todo lo innecesario para liberar la belleza que contiene. ¿Quizás esto se aplica a todas las manifestaciones del amor: está en todas partes, solo necesita ser liberado? Quizás sea lo mismo en la música: el compositor no usa todos los sonidos posibles a la vez, sino que elige de su variedad solo hermosos y, La conclusión es esta: necesitamos liberar el Amor Espiritual codificado y permitir que fortalezca nuestro propio Amor rudimentario. Debemos recordar: ¡lo que percibimos como "bondad, verdad y belleza" en nuestro mundo inferior no es más que el reflejo inferior de la Razón, la Sabiduría y el Amor en el mundo espiritual!

Y, por supuesto, desarrollando en nosotros mismos la capacidad de distinguir entre las razones y proporciones correctas, debemos aprender a desechar todo lo que no contribuya a la "bondad, verdad y belleza". Vemos que tiene lugar el proceso: en los reinos inferiores (incluido nuestro propio cuerpo), lo que es útil se absorbe y el resto se rechaza. Y lo que "no es útil" en los reinos superiores puede ser muy bueno para los inferiores (una especie de cadena alimentaria cerrada). Así se desarrolla lo que llamamos "la gracia de la naturaleza". En un plano astral superior (emociones y deseos), una de las formas de manifestar el Amor es el arte de las correctas relaciones humanas. A nivel mental, una de las formas de manifestar el Amor es el arte de las matemáticas superiores.

Repitamos una vez más: cualquier arte genuino, sin importar a qué esfera pertenezca, es un reflejo inferior, o una correspondencia inferior, de la realidad espiritual superior del Amor Cósmico puro. Requiere una distinción que conduce a la proporcionalidad ya las justas proporciones.Así, cuando tomamos conciencia del Universo como maestro, una de las primeras y más importantes intuiciones que se nos sugieren son las correspondencias o similitudes de relaciones.

He aquí algunos ejemplos de correspondencias: despertar y dormir se corresponden con la vida y la muerte; estaciones - con períodos de vida; la vida de un individuo es comparable a la evolución de la humanidad en su conjunto. (Hablaremos más sobre esto en breve). De hecho, todo lo que en nuestra existencia física percibimos como "bueno, verdadero y hermoso" tiene una correspondencia superior: ¡alguna realidad espiritual importante!Esto no es más que una ley universal - la Ley de la Correspondencia: "Como es arriba, es abajo". Dado que hay correspondencias dentro de todos los niveles de conciencia en los que estamos, y entre ellos, es precisamente "arriba" que es la Realidad, y "abajo" (el mundo físico con el que nos identificamos) es una realidad virtual, más como un ¡sombra!

Continuaremos a lo largo de este libro para dar ejemplos de correspondencias que indican que la Vida es un medio de infinitas lecciones potenciales. Hablando de que el universo es nuestro maestro, no nos olvidemos de una gran ayuda más que se le da a la humanidad: de esos grandes Seres iluminados que, por su propia voluntad, traen un enorme sacrificio para promover la evolución en nuestro planeta y en particular en nuestro reino humano Pero antes de que hablemos más sobre estas grandes Almas, primero enfaticemos que, en última instancia, solo hay dos enfoques filosóficos para el problema de la realidad absoluta.

a) La escuela materialista sostiene que el universo no tiene un propósito aparente. Todo lo que existe, incluidos el pensamiento y el sentimiento humanos, está hecho de materia-energía física, o es una consecuencia de su trabajo. Y, hasta donde sabemos en la actualidad, la humanidad terrenal es la forma más elevada de inteligencia en el universo.

b) Según el enfoque espiritual, el universo tiene un propósito. Además de la dimensión física de la realidad, hay otras. Estos mundos están habitados por Seres (o Vidas) con otros niveles de conciencia que pueden (y lo hacen) influir en la humanidad.

Existe una creencia generalizada entre los espiritistas de que al menos algunos de estos Seres (que viven en dimensiones o planos superiores) son mucho más sabios y tienen habilidades mucho mayores que los humanos. Muchos también creen que al menos algunos de estos Seres se unieron voluntariamente en un grupo (algo así como un ashram planetario espiritual). Y estos Seres Divinos se han encargado de brindar asistencia moral a la humanidad, sin interferir con nuestro libre albedrío, sino facilitando el movimiento en la dirección que es consistente con el propósito Divino del Universo. En varias tradiciones religiosas del mundo, los miembros de este grupo son llamados de manera diferente: santos, ángeles, maestros, etc. Ya que están más allá de nuestros conceptos de género y forma, simplemente nos referiremos a estos Ancianos iluminados como Guías Espirituales o la Jerarquía Espiritual del planeta. (Y uno de los objetivos de este libro es ayudar, aunque sea un poco, pero inspirar a otros a ayudar a estos Seres Divinos en Sus esfuerzos por llevar a la humanidad a la realización de su destino cósmico).También es muy importante darse cuenta de que recibimos la guía Divina no solo de otros Seres; también tenemos, y siempre hemos tenido, nuestro propio Guía Interior, nuestro Yo Superior, que quiere ayudarnos a aprovechar al máximo nuestras oportunidades.

En diferentes tradiciones y sistemas de creencias, hay diferentes nombres para este aspecto de nuestro gran "yo": superconsciencia, "yo" transpersonal, alma, ángel solar, ángel guardián, etc. En este libro se utilizarán como sinónimos. Pero debe enfatizarse que los humanos tenemos un Alma individual, mientras que los subgrupos de los reinos inferiores (animales, plantas, minerales) tienen un alma."grupo". (Observa el comportamiento de bandadas de pájaros, cardúmenes de peces, enjambres de insectos, etc., y entenderás mucho al respecto).

Pero volvamos a la gente. Tan pronto como comenzamos a comprender que tenemos nuestra propia guía superior personal, para vivir en armonía con este gran Ser y recibir instrucciones de él (de hecho, todo el Universo que percibimos es la expresión física del Gran Ser), cambios tremendos comienza dentro de nosotros. Comenzamos a percibir eventos y objetos desde el punto de vista de su energía interna, y no de su manifestación externa, y tratamos de comprender qué lecciones debemos aprender de todo esto. Por supuesto, no solo los "mensajes" obvios del Universo, sino también los más sutiles pueden enseñarnos mucho. Por ejemplo, nuestra Alma a menudo crea situaciones en el espacio y el tiempo que percibimos como coincidencias, pero en realidad están planeadas. Siempre debemos ser sensibles a taleseventos (científicamente llamados sincrónicos)! Esta es una de las formas más comunes de guiarnos y ayudarnos en la vida. Mucho se ha escrito sobre las sincronicidades. Probablemente puedas recordar sus ejemplos en tu propia vida. En algún momento, experimentaste una sorpresa agradable (o desagradable). Fue mucho más tarde, en retrospectiva, que entendiste cómo este evento contribuyó a tu crecimiento personal. Es difícil sobreestimar la importancia del momento adecuado, tanto cuando planificamos como cuando evaluamos los eventos de nuestras vidas.

El conocimiento de los procesos en curso lleva a una persona más y más adentro del mundo de la sabiduría, y este es precisamente el mundo: el mundo espiritual. ¡Con la acumulación y el uso de la sabiduría, la velocidad de nuestra evolución aumenta dramáticamente!Esto es lo que significa: al volvernos lo suficientemente sabios como para comenzar a aprovechar estas oportunidades siempre presentes, progresamos mucho más rápido en nuestra iluminación espiritual y experimentamos los dolores de la ignorancia con mucha menos frecuencia. Además, cuando este es un aspecto muy importante de la iluminación, la vida se vuelve mucho más clara y comenzamos a vivir y actuar en un estado de mayor paz, armonía, eficiencia y con un autocontrol cada vez mayor, por así decirlo. Como ya se mencionó, este es el paso más importante en nuestra evolución, como resultado de lo cual hay una clara aceleración.

Hablando de "evolución": seguimos repitiendo esta palabra, pero ¿qué es lo que realmente evoluciona? La ciencia ortodoxa cree que es una forma física que mejora gradualmente y se adapta a su entorno. Hay algo de verdad en esto, pero de hecho, la conciencia que nos ha sido traicionada y que vive dentro de nosotros, nuestro verdadero "yo", está evolucionando. En la evolución de la forma física (incluso en la vida individual) observamos sólo cambios correspondientes. Recuerdo que hace muchos años escuché esta frase: "Cuando pasas de los cuarenta, tienes la cara que te mereces". Creo que hay algo en eso también. No es que una persona con rasgos faciales más finos necesariamente esté más desarrollada espiritualmente, porque hay muchos otros factores involucrados. Pero en general, cuando una persona se vuelve más iluminada, esto se refleja en la apariencia.

La forma física del hombre en la tierra fue cambiando gradualmente; es probable que este proceso continúe. Pero los cambios más significativos ocurrieron en las capacidades mentales: al servicio de nuestra conciencia en constante expansión había un cerebro cada vez más grande y complejo. Los datos antropológicos muestran que cada nuevo tipo de persona estaba marcada por un físico menos robusto, pero era más sensible. Algunos podrían argumentar que a medida que los atletas continúan estableciendo nuevos récords de fuerza y resistencia, los humanos en realidad nos estamos volviendo más fuertes. Pero se establecen nuevos récords debido al hecho de que la técnica mejora, las habilidades se perfeccionan, y solo por un corto tiempo en el florecimiento físico de un atleta, y en absoluto porque toda la humanidad se está volviendo más fuerte. Ni el hombre más fuerte puede aguantar cinco segundos en un duelo con un gorila del mismo tamaño, por no hablar de los grandes depredadores.

Si la "supervivencia del más apto" (físicamente) es la fuerza impulsora detrás de la evolución, entonces ¿por qué los humanos hemos perdido virtualmente todo vello corporal, incluso los que viven en las regiones frías-estárticas? Difícilmente se puede hablar aquí de adaptación física. Pero si la fuerza impulsora es la expansión de la conciencia, entonces esta pérdida tiene sentido. El hombre primitivo simplemente se vio obligado a usar su mente primitiva para aprender a sobrevivir a través de la capacidad de construir una vivienda y hacer ropa para sí mismo, y lo más importante, para domar el fuego. Si lo desea, nos vimos obligados a "mover nuestros cerebros", y este acto cada vez nos ayuda a expandir nuestra conciencia y, en última instancia, a ser más iluminados espiritualmente.

Acabar con todo el reino humano sería relativamente fácil, ¡pero trata de deshacerte de todas las moscas o cucarachas! Generalmente se acepta que una bacteria, una lombriz o una margarita están mucho más adaptadas a la vida que nosotros, criaturas más complejas. Así que no hablemos más de selección natural.Cualquier persona pensante que mire el pasado (o el presente) con los ojos abiertos verá muchos ejemplos en los que las circunstancias nos han inspirado o incluso obligado a los humanos a expandir nuestra inteligencia. Continuaremos haciéndonos más conocedores y más sabios, y más capaces de amar. En última instancia, la vida tiene un objetivo: la iluminación. ¡Y toda nuestra experiencia sirve para este propósito! Hablemos más sobre la evolución de la conciencia.

Como todo lo demás en el universo, nuestro planeta físico está diseñado para guiarnos continuamente a las siguientes etapas de iluminación. La mayoría de la gente toma tanto la estructura física de la Tierra como la aparente aleatoriedad de la ubicación de bosques, mares, la distribución de minerales en las entrañas, etc., como algo natural. Pero detrás de este accidente imaginario se esconde un objetivo superior.Tenga en cuenta que durante ese período de tiempo en la historia humana, cuando finalmente alcanzamos la etapa inicial de mentalidad, inmediatamente "descubrimos" metales y depósitos de carbón y petróleo; aprendió a convertir la savia de ciertos árboles en caucho y producir sólidos transparentes (vidrio). Esta lista continúa. ¿No era inevitable (con un poco de ayuda de arriba) que la gente pronto aprendiera a fabricar máquinas y vehículos? Todo esto no es tan prosaico como podría parecer a primera vista. Pero debido a que adquirimos conocimiento de manera inconsciente y porque "cuanto más conoces, menos respetas", percibimos las circunstancias más asombrosas como algo ordinario. Y absolutamente en vano. Muchos sabios han señalado que a veces los detalles más pequeños determinan si la vida en el planeta, tal como la entendemos, puede existir.

Y de ser así, Aquí hay unos ejemplos. Para que se formara el carbón (el combustible sin el cual es impensable la revolución industrial), el reino vegetal tuvo que evolucionar (es decir, crecer en términos de conciencia) hasta la etapa de los árboles. Luego fue necesario que estos árboles se descompusieran y, con una cierta combinación de factores y presiones cuantitativas y temporales, el carbón resultó durante millones de años, notamos, mucho antes de la aparición de la humanidad. Para aprender ciertas lecciones, a veces necesitamos ciertos materiales, y estos materiales se nos proporcionan, ¡eso es lo que importa! En este caso, la gente necesitaba una gran cantidad de combustible fácilmente extraíble. Hizo posible realizar una serie de inventos que llevaron al hombre a la llamada era industrial.

Aquí llegamos a los metales y otros tipos de "materias primas". Desde mi punto de vista, son interesantes no solo por sus propiedades, sino por la relación entre su necesidad y disponibilidad. Por ejemplo, hierro yel aluminio es absolutamente necesario en la ingeniería mecánica. Y, sin embargo, ampliamente disponible. Pero, ¿y si, digamos, el oro y la plata fueran abundantes en el planeta, mientras que el hierro y el aluminio fueran escasos? Entonces la industria, la tecnología y el transporte que tenemos ahora serían simplemente imposibles.

Otro ejemplo de Planificación Cósmica: casi en cualquier parte del planeta la gente puede encontrar comida y agua para beber. Si no hay ríos ni manantiales, entonces basta con cavar un pozo en la tierra, y tendremos agua potable fresca (que en sí misma es una maravilla). Si el suelo está congelado, normalmente hay hielo o nieve disponible para derretirse. Además, grupos enteros de personas están, por así decirlo, especialmente programados para vivir en las condiciones más severas. A través de esto, el planeta físico puede ser completamente abarcado por la red de inteligencia. Dado que el reino humano está destinado a ser el "cerebro global" (físico) de la Vida planetaria, se requería el siguiente paso para la implementación del Plan Divino: el establecimiento de una interacción pacífica entre las comunidades humanas. Esto se hizo a través del interés en el comercio.

Si lo más necesario para la vida humana se distribuye de manera relativamente uniforme en todo el planeta, entonces no se puede decir lo mismo de muchos otros recursos útiles. Minerales, carbón, petróleo, madera. Las existencias de todo esto rara vez se pueden encontrar en un solo lugar. Algunos grupos de personas tienen enormes depósitos de petróleo, pero no tienen hierro para construir equipos de producción de petróleo. Otros tienen depósitos de minerales, pero no carbón para fundir los metales. El resto está claro. Una vez más, esta parte del Plan Divino. En primer lugar, tal situación sirvió como estímulo para el desarrollo de nuestro intelecto; era necesario para hacer nuestra vida más cómoda. Pero a la larga, lo más importante era hacer que la humanidad interactuara y eventualmente se convirtiera en "unidad en la diversidad".

Volvamos a la industrialización. Visto desde un nivel superior, su logro más significativo no se encuentra en la mera cantidad de productos producidos, sino en el hecho de que, para la planificación, producción y distribución de los bienes que absorbieron al mundo entero, se requirió que la humanidad se comprometiera y, por lo tanto, desarrollara su pensamiento concreto.Hasta que desarrollemos un pensamiento concreto, seguiremos siendo en su mayoría seres emocionales y no podremos avanzar mucho en nuestro camino espiritual. Esto nos lleva a otro mérito mucho más importante de la era de la industria y la tecnología: ha pasado naturalmente a la era de la información y las comunicaciones. Pero esto en sí mismo no es el objetivo final.

El objetivo final de la humanidad en esta era es realizar su destino: ser un "cerebro global" integrado y el sistema nervioso de nuestro planeta.Cuando en los eventos planetarios no solo vemos el "qué" sucede y el "cómo", sino que también entendemos el "por qué", se vuelve cada vez más obvio: ¡hay un plan aún más grande llamado el "Plan Divino"! Pero, ¿qué pasa con aquellas comunidades que se resisten a la interacción y permanecen aisladas? Es muy importante señalar que aquellos que predican cualquier tipo de ideología "aislacionista" actúan en contra del Plan Divino, se den cuenta o no. Las fuerzas del mal en el mundo no quieren cooperación en la humanidad. Su estrategia es mantener la desunión y la división.

Tenemos muchos ejemplos de culturas estancadas (relativa, por supuesto) que han estado aisladas unas de otras durante mucho tiempo. Pero nuestro universo en evolución no tolera el estancamiento. Cuando un individuo, una cultura o incluso un sistema de creencias se atasca y se resiste a crecer, y su conciencia interna se cristaliza, ¡se liberan las energías del cambio! Los resultados inmediatos de esto a veces se pueden sentir como desagradables o incluso severos. Pero el resultado a largo plazo es muy útil. Las mismas personas quetenido que soportar las conmociones, una vida mucho más feliz todavía puede esperar. Este razonamiento, por supuesto, de ninguna manera debe justificar, y mucho menos alentar, la violencia de algunas personas, culturas o sistemas de creencias sobre otros. Las personas iluminadas siempre están tratando de promover el progreso de sus hermanos y hermanas mediante el ejemplo personal y las oportunidades brindadas con amor.

Al expandir nuestra conciencia, somos potencialmente capaces de crear y ascender a estados de ser más felices. Continuamos haciéndonos daño a nosotros mismos ya los demás, no porque nos falte inteligencia o guía, sino porque todavía tenemos una energía de Amor subdesarrollada y somos incapaces de empatía (o resistir este sentimiento).Más adelante comprenderemos qué papel juegan los demás reinos de la naturaleza y cómo nos ayudan a cumplir nuestro papel en este Universo Consciente. Más importante aún, son pasos necesarios en la espiral ascendente de la evolución de la conciencia. Quizás ahora podamos considerar con más detalle la etapa humana de la evolución, que, por supuesto, es la que más nos interesa. Un viaje espiritual (así también se puede llamar evolución) se suele comparar con escalar una montaña.

Tal comparación es apropiada por muchas razones: en

la evolución es necesario hacer esfuerzos que son recompensados, y los errores conducen a la demora; es más fácil cuando eres guiado e instruido por alguien que ya ha escalado la montaña él mismo; cuanto más subes, másabre a los ojos; cuando te acercas a la cima, queda claro que se puede llegar a ella por más de un solo camino (aunque cuanto más cerca de la cima, más cerca convergen todos los caminos), etc. Ahora déjame tomar otra analogía. No será un ascenso espiritual a una montaña, sino un viaje a través de todo un continente. Imagine que comienza cuando estamos en una etapa primitiva de desarrollo semi-animal, y termina en nuestro glorioso futuro lejano, cuando estamos listos para pasar a otro reino superior, a veces llamado el "Reino de las Almas".

Comencemos la historia.La masa de personas está en la costa este de un gran continente. Se les dice que deben atravesar todo este vasto territorio y llegar a la costa occidental. Al llegar a la meta, se les promete una gran recompensa. Como irán a pie, el camino promete ser largo. No es una carrera, pero se espera que sigan avanzando. En el camino, comerán frutas y bayas, vegetales, nueces y granos y beberán agua de ríos y manantiales. Con un poco de esfuerzo, podrán proveerse de todo lo que necesitan. Entre ellos hay personas que ya han tenido la oportunidad de hacer un reasentamiento de este tipo antes. Se acercan a un colono, luego a otro, y hablan sobre la gran recompensa que les espera, y también sobre el hecho de que puede ahorrar tiempo si en algunos lugares "camino cortado".

Pero poca gente los escucha.

Entonces, la gente se reúne en grupos y lentamente se pone en camino. Dado que una gran masa de personas se dispersó a lo largo de toda la costa, la mayoría de los grupos operan de manera casi autónoma. Algunos grupos avanzan durante varios días y luego, cansados del camino y de encontrar un lugar adecuado, se detienen por un tiempo. Otros pasan junto a ellos hasta que deciden descansar. Pasa un poco de tiempo, y ahora los grupos se han dispersado por un vasto territorio: algunos han avanzado mucho, mientras que otros apenas se han movido.

A veces los grupos discuten entre ellos. Los desacuerdos suelen surgir entre los que siguen la llamada a seguir adelante y los que han probadolos encantos de una vida sedentaria y, habiendo perdido interés en la recompensa prometida al final del viaje, quiere permanecer en el lugar. Bajo la influencia de energías opuestas, se produce una escisión en algunos grupos: algunas personas continúan avanzando, mientras que el resto no quiere salir de sus hogares. Es difícil para los que van adelante, pero son recompensados por su trabajo. Necesitan nuevos conocimientos, y los obtienen. Aquellos que deciden quedarse en un lugar gastan cada vez más energía, consolidando y repitiendo lo que ya saben. Tarde o temprano, el desastre golpea inevitablemente: una inundación, un terremoto o un terrible huracán. Entonces, al final, ellos también tienen que irse.

A veces, los migrantes notan que se les ha unido gente nueva de alguna parte, ya sea individualmente o en grupo. Esto a menudo se resiente porque los recién llegados no recorrieron todo el camino desde el principio, pero obtendrán la misma recompensa al final

del viaje. (¿Te recuerda esto a algo?) Y no solo por esto: a las nuevas personas hay que enseñarles lo que otros han aprendido de su experiencia. ¿Parece esto injusto? Los "viejos" prefieren no recordar que ellos mismos fueron ayudados mucho: desde el don de la vida como tal hasta todos los demás dones en su camino.
De hecho, todo es un regalo de Arriba.

Servir a un propósito superior y ayudar a los demás era lo mínimo que podían hacer. (Pero, en general, los humanos somos desagradecidos por los innumerables regalos que se nos otorgan).Durante el largo tiempo que ha durado este viaje, casi todos los grupos han tenido la oportunidad de estar a la vanguardia en un momento u otro. Pero casi inevitablemente, la gente se calmó, se volvió complaciente y el otro grupo se les adelantó. Muy a menudo, los que estaban temporalmente por delante se convencieron a sí mismos (y a todos los que estaban dispuestos a escuchar) de que eran mucho mejores que los demás. Cuando por fin los primeros de los grupos hubieron subido la última cordillera, y los viajeros vieron aquel lugar maravilloso hacia el que se dirigían, enviaron aviso y, como pudieron, apresuraron al resto para que también ellos compartiesen con ellos la gran recompensa Pero algunos están tan acostumbrados a vivir en las llanuras interminables que no creyeron en una vida más gloriosa y tomaron la fatídica decisión de quedarse donde estaban.

¿Te parece demasiado simplista esta parábola? Quizás. Pero así es como miramos a aquellos que están en niveles más altos y están tratando de ayudarnos.¿Cuántos de nosotros nos resistimos al cambio (crecimiento)? ¿Con qué frecuencia nos aferramos a lo familiar? Consciente o inconscientemente, nosotros mismos elegimos nuestro camino y lo seguimos. Y debido a que todos somos diferentes, y deberíamos serlo, cada camino es único. Sin embargo, todos los caminos (en sentido figurado) pasan por los mismos ríos, desiertos, pantanos y montañas. Los percibimos como obstáculos, pero todos sirven como lecciones necesarias para nosotros. Cuando los superamos, se convierten en hitos en nuestro camino hacia la iluminación.

Tal como estaba previsto, nuestro viaje humano comenzó con la creaciónpersonalidad aislada y egocéntrica. Una personalidad que debemos cambiar y transformar, y definitivamente lo haremos. La transformación se logra a través del fuego de la mente y conduce a la formación de un Ser Espiritual iluminado. Este proceso requiere una reorientación completa desde nuestro enfoque en el pequeño "yo" hasta la autoidentificación, en última instancia, con la vida mayor, ¡con la Vida que abarca todo el planeta! Aquí uno puede hacerse la pregunta: ¿por qué debemos crear una fuerte individualidad, si al final tenemos que derribarla por el bien del todo? Había que crear la individualidad para desarrollar el libre albedrío, porque van uno al lado del otro.

Entonces necesitamos aprender cómo usar nuestro libre albedrío correctamente. Inteligente al principio, luego con Sabiduría-Amor. Este proceso es necesario si queremos convertirnos en un ingrediente activo, no menos que un co-creador, en el gran trabajo de desarrollar el Plan Divino. Como co-creadores, utilizaremos nuestros talentos y habilidades individuales para contribuir con lo que sea necesario para la mayor iluminación de la humanidad. ¡Este proceso requiere que seamos responsables, aprendamos paciencia, abramos nuestros corazones y comencemos a servir a la humanidad! Como individuos, somos solo pequeños granos en el universo. Pero nuestra Alma es un holograma del universo y contiene el potencial del Todo. Por lo tanto, debemos liberar nuestra porción de materia, empujando hacia arriba desde nuestras personalidades y respondiendo así a la eterna atracción de nuestra Alma.

Estamos progresando del alma grupal animal al alma del hombre como individuo con libre albedrío. Luego, con el tiempo, adquirimos las cualidades de Amor-Sabiduría y así nos convertimos en co-creadores iluminados en el Plan Divino del universo. Siempre ha sido un misterio cómo de repente (en la escala de la historia natural), en ausencia de un "eslabón de conexión", aparecieron razas de personas muy diferentes y mucho más desarrolladas. La ciencia plantea postulados que no concuerdan con el sentido común, y nuestras religiones generalmente ignoran el problema en sí o, en casos extremos, se refieren a la providencia de Dios. Por cierto, en este caso la religión está más cerca de la verdad.

Debe enfatizarse aquí que incluso los Seres Espirituales actúan de acuerdo a la Ley. En otras palabras, los medios del plano físico se utilizan para producir los resultados del plano físico. Es interesante que ahora mismo, cuando se están desarrollando los prototipos de un nuevo modelo de humanidad, muchas personas informan que fueron "secuestrados" en extrañas naves espaciales, controladas por extrañas (para nosotros) criaturas, y que se llevaron a cabo experimentos genéticos en ellos allí. También se han documentado extraños casos de "mutilación" de animales, especialmente bovinos, a los que se les han extirpado quirúrgicamente órganos y en ocasiones sangre, material que puede ser utilizado para 'mutar' animales. Además, constantemente aparecen nuevas especies en el reino animal. (Y recomendaría observar lo que sucede con las especies de ganado en el futuro cercano).

Parece que aquellos que aceptan los ovnis como una realidad tienden a adherirse al paradigma "alienígena". Yo sugeriría mirardesentrañando el misterio "más cerca de casa": en el área fronteriza entre el plano físico y la próxima dimensión vibratoria superior (se llama "plan etérico"). Aunque estas dimensiones energéticas tienen sus propias "redes" protectoras y frecuencias vibratorias diferentes a las nuestras, no son impenetrables para aquellos seres que están ordenados para ayudar en nuestro proceso evolutivo. (Más adelante en este libro hablaremos sobre estas criaturas y lo que puede suceder con su participación).

De todo lo ya dicho en este libro se deduce que la Vida es un continuo, todo es parte de algo "más alto y más grande", todo está interconectado e interdependiente, todo es unidad en el espacio y en el tiempo. Todo es eterno y se mueve en una espiral que conduce a niveles más altos de conciencia o iluminación. ¿Qué significa esto para nosotros en nuestro reino humano? ¿Cómo estamos conectados, por ejemplo, con una galaxia lejana?

Comencemos desde el principio: con el cuerpo físico de una persona. Sabemos que está formado por huesos, músculos, sangre, órganos, etc. También sabemos que estos componentes están formados por células, que están formadas por moléculas, que están formadas por átomos, que son... bueno , la imagen es clara: todo está interconectado y es interdependiente.Y volvemos a la correspondencia: "Como es arriba, es abajo" o, en este caso, "Como es abajo, es arriba". Nosotros, como individuos, somos parte del reino humano, y el reino humano está destinado a ser el sistema nervioso global del planeta, y ahí es donde está evolucionando. Todos los reinos (tanto físicos como no físicos) de cualquier planeta forman el "cuerpo" de ese planeta. Este "cuerpo" proporciona el caparazón para la Vida planetaria. (Así como nuestro cuerpo proporciona un "hogar" temporal para la Vida que vive en nosotros, su verdadero ser y el mío).

A su vez, cualquier planeta es uno de los "centros de energía" o "centros de conciencia" en la Vida del gran Ser Solar. Cualquier sistema solar es uno de los centros de energía de una Esencia espiritual aún mayor y más desarrollada. Y este Ser, a su vez, es también uno de los centros de Vida aún mayor, y así sucesivamente: constelaciones, galaxias, metagalaxias... ¡Todo esto en conjunto es nuestro Universo Viviente! Dios panteísta.Y a este respecto, me gustaría señalar de nuevo: cuando miramos al cielo, lo que vemos con nuestros ojos es sólo un vago reflejo, una sombra, por así decirlo, de las colosales energías que nos rodean a nosotros y a nuestro diminuto planeta.

El esplendor y la Gloria de los Seres que allí habitan se correlaciona con las diminutas mentes de las personas, ya que sus gigantescos tamaños se corresponden con los nuestros. ¿Prueba de? Comencemos con lo obvio: belleza, armonía, orden en el cielo. Del curso de la física (y de nuestros programas espaciales) se sabe que para que un objeto permanezca en órbita, debe alcanzar una distancia orbital y una velocidad determinadas en relación con el objeto alrededor del cual gira. Si se mueve demasiado bajo o demasiado lento, la gravedad lo atraerá (piense en los satélites artificiales caídos). Y si la distancia o la velocidad es demasiado grande, desaparecerá del campo gravitatorio. (Nuevamente, recuerde los satélites que escaparon al espacio.) Tales incidentes ocurren, aunque las mejores mentes y tecnologías de la humanidad están involucradas en los programas espaciales. ¿Y se supone que debemos creer que miles de millones de rocas muertas (planetas) y soles terminaron en sus órbitas ideales por accidente? No, estas relaciones armoniosas se mantienen gracias a la Conciencia perfecta de estos seres cósmicos. Pero incluso ellos tienen fallas, aunque esto sucede muy raramente.

Debemos recordar que nuestro planeta y sistema solar, al igual que otros sistemas solares, también crecen y se desarrollan (en sus dimensiones superiores) con todo su inimaginable (para nosotros) alto nivel espiritual. ¡Y cuando pasan por sus "dolores de crecimiento", se refleja en nosotros!Esto puede explicar muchos de los mitos y leyendas eternos que encontramos en todas las culturas antiguas del mundo: mitos sobre gigantes, dioses y diosas que realizan actos sobrehumanos. Estos son reflejos inferiores personificados y simplificados de las vastas energías cíclicas que han estado trabajando en nuestro planeta y en el sistema solar durante miles de millones de años. Aunque estos importantes eventos cósmicos estaban disfrazados con la forma simple de cuentos de hadas para mentes no del todo maduras, había una verdad superior en ellos. Los mitos y leyendas son una de las formas de revelar las más altas verdades a la humanidad de manera alegórica.

Otro punto importante: aunque parece que "el cielo"lejos, de hecho estamos dentro de ellos. Esta ilusión de distancia se debe al hecho de que nuestra percepción está enfocada en el plano físico o en otros inferiores. En el plano físico, todo parece objetivo y separado. Pero en los planos superiores, donde reside nuestro Espíritu, no hay separación (como lo imaginamos), y todas las energías interactúan entre sí. Por ejemplo, los astrónomos dicen que nuestra Tierra está en nuestro sistema solar, que está en la Vía Láctea, etc. Este es el comienzo de una verdad importante. De hecho, en nuestro superiordimensiones, estamos dentro del cuerpo energético, el aura de estos grandes Seres (en la jerarquía ascendente). ¡Cada uno de nosotros es verdaderamente un niño estrella"!

O, en otras palabras, somos células en el cuerpo de Dios. Es por eso que estamos profundamente afectados por estos cuerpos celestes (en realidad Seres) así como los eventos que nos suceden afectan a cada célula de nuestro cuerpo. Es necesario comprender que el Cosmos se compone enteramente de poderosas energías, o Vidas, y nosotros somos una pequeña parte de la Vida Cósmica y estamos sujetos a su influencia. Es por eso que algunas de las mejores mentes de la humanidad a lo largo de la historia han estado estudiando astrología. (Esto no es, por supuesto, astrología sensacionalista.) Usando métodos científicos e intuición, la verdadera astrología no es más que un intento de comprender y describir el origen y el funcionamiento de la gran Vida. Aunque los astrólogos serios son los primeros en reconocer que su ciencia (o arte) todavía tiene que penetrar la superficie de la realidad cósmica, incluso ahora el estudio de la astrología revela mucho.

La Vida Del Individuo Como Reflejo O Modelo De La Evolución Humana

Continuando con el tema de esta sección (el Universo como nuestro maestro perfecto), hagámonos la pregunta: ¿nuestra vida misma puede ser nuestro maestro si aprendemos a verla desde un nivel superior? ¿Qué pasa si la vida de una persona desde la concepción hasta la muerte es en realidad un modelo o mapa de la evolución humana?La ciencia ortodoxa sabe esto en principio como la ley biológica "la ontogenia refleja la filogénesis". Pero, de nuevo, la ciencia aplica esta ley sólo al organismo físico. Lo aplicaremos también a la conciencia espiritual, que es ciertamente la esencia del Todo, y luego desde este punto de vista intentaremos imaginar el futuro.

Sabemos muy bien que el embrión humano repite primero la fase vegetal del desarrollo evolutivo, luego la fase animal (pez,anfibios, mamíferos, etc.), y sólo entonces adquiere una forma propiamente humana. Esto nos muestra nuestra evolución pasada y nos recuerda que nuestros cuerpos físicos están conectados a los reinos inferiores. Se puede decir que durante el resto del embarazo hasta el nacimiento, el ser en el útero es una "personalidad" humana en desarrollo.

Mientras tantoEl alma observa y espera que se forme el caparazón físico y que llegue el momento adecuado para nacer.El mundo en el que vivimos no es perfecto y, a veces, los eventos no salen según lo planeado. Por lo tanto, puede suceder que el alma decida no encarnar esta vez, y el proceso de embarazo termine en un aborto espontáneo o muerte fetal; o el bebé puede morir repentinamente. Las razones pueden ser físicas (salud) o espirituales; estos últimos son todavía incomprensibles para nosotros en nuestro nivel de desarrollo. Y, aunque esto pueda ser percibido como una tragedia, este ser encarnará más tarde en otro cuerpo, tal vez incluso en la misma madre o en la misma familia, cuando las condiciones sean más propicias. De hecho, ¡la vida nunca se pierde!

La Sabiduría Eterna nos dice que el Alma Suprema (¿Ángeles? ¿Dios? ¿Guías Espirituales?) vigilaba a los hombres y mujeres subhumanos y bestiales hasta que estaban preparados para aceptar cada uno su propia Alma. Entonces comenzó una nueva etapa en el desarrollo de la humanidad.Este evento trascendental tuvo lugar hace millones de años. La ola de vida humana continuará por millones de años más, y en algún momento en el futuro, la mayoría de las personas dejarán el plano terrenal y pasarán a lo que ahora percibimos como Conciencia Espiritual.

Pero volvamos a ese importante momento en que comienza un nuevo ciclo de encarnaciones. ¡Un niño nace y respira por primera vez, el Alma finalmente se conecta con un cuerpo diminuto y la criatura se convierte en un Humano real! Para facilitar este evento, a menudo se realizan ciertos rituales de nacimiento en el niño, por ejemplo, el bautismo.Aquí, por cierto, se puede notar que la ubicación de los objetos celestes en el momento del nacimiento puede decirle mucho al Sabio sobre dónde (en términos relativos) estaba esta Alma después de que dejó el ciclo de vida anterior, y lo que tiene que hacer. aprender en el nuevo ciclo de vida que ahora comienza.

Ahora sigamos adelante y hablemos de algo que no es tan conocido. Los primeros siete (aproximadamente) años se dedican al desarrollo del cuerpo físico y emocional y del cerebro. Al final de este período, comienza el segundo ciclo de siete años, el tiempo de la "Era de la Razón" en la escala de los enfoques individuales. En muchas tradiciones religiosas y culturales, esta transición se celebra (y facilita) con otro ritual. Esto ayuda a unirse al siguiente aspecto del Alma: el verdadero cuerpo mental. Ahora el joven Ser tiene una habilidad rudimentaria para el pensamiento abstracto y comienza un importante período de escolarización.

Luego, después de diez años (como todos recordamos bien) aparece el siguiente componente de toda la personalidad: un aspecto muy importante, aunque todavía rudimentario, del amor. Su ocurrencia está asociada a la pubertad, y se manifiesta principalmente en el amor físico y emocional, o en la sexualidad. Y, de nuevo, en algunas sociedades este evento significativo se celebra con un ritual especial. (La mayoría de los llamados "eventos poltergeist" ocurren cuando estos componentes muy fuertes del todo intentan unirse).

Ahora el Alma está de alguna manera adherida a las "vainas" de nuestra personalidad: los cuerpos físico y emocional, el cuerpo mental y lo que corresponde al "cuerpo del amor" en este bajo nivel. Pero a lo largo de la vida, debemos fortalecer estos lazos, de los que hablaremos ahora. En las comunidades humanas se cree que al final del tercer ciclo de siete años, el Ser humano ya está completamente formado. Con el logro de la edad adulta en todas las culturas, una persona ya adquiere el estatus de adulto. Lo que la gente normalmente no se da cuenta es que los ciclos de (aproximadamente) siete años siguen y siguen, el Alma continúa fortaleciendo su posición hasta que, después de muchas vidas, finalmente se vuelve completamente dominante y se "satura" consigo misma. personalidad. Es importante entender que los primeros veintiún años formarán un gran ciclo, que consiste en tres ciclos más pequeños de siete años y que se repetirá en vueltas más altas de la espiral, nuevamente siguiendo el mismo patrón (físico, mental, amoroso).). ¡Partidos dentro de los partidos!

En otras palabras, desde el nacimiento hasta los veintiún años, la expresión física es primordial. Luego, durante otros veintiún años, nuestro intelecto crecerá y el físico comenzará a desvanecerse. En y después del tercer ciclo, ganamos sabiduría y una forma superior de amor. Puedes observar esto en tu propia vida: alrededor de los cuarenta y dos, sesenta y tres y ochenta y cuatro años, ocurrirán o comenzarán eventos importantes (cambios). Los ciclos de siete años también se ven a lo largo de la vida; en particular, a la edad de 28 o 29 años, una persona suele experimentar su "retorno de Saturno" por primera vez en su vida. (Estamos hablando de la influencia "zodiacal"). Debe enfatizarse una vez más que esto es típico para todos, pero dependiendo del nivel de desarrollo espiritual, los individuos experimentan esto de diferentes maneras.

Debido a que el reino humano claramente todavía está en su adolescencia, estamos fascinados por el mundo físico y exhibimos otras cualidades de esta era. Si sobrevivimos y alcanzamos la madurez, reverenciaremos más cualidades superiores: inteligencia y, lo más importante, Amor-Sabiduría. Nuestro sistema solar está dotado de esta cualidad espiritual de suma importancia. ("Dios es amor".)Es extremadamente importante notar que en el período actual de la historia humana muchos de nuestros supuestos "líderes" (en política, negocios, entretenimiento) no aspiran a las cualidades más altas e importantes de la humanidad. En su lugar, tratan de capitalizar todo lo transitorio e irrazonable, alientan, protegen y, por lo tanto, glorifican el poder sobre los demás, la violencia y la codicia. En muchos sentidos, esto se está convirtiendo en un "modelo de conducta" para nuestra juventud. ¡Ellos juegan directamente en manos de las fuerzas del mal! Incluso en nuestro estado actual (relativamente infantil), debemos entender cuán fugaz es la gloria. Cuán pocas celebridades usan su fama para ayudar al crecimiento de la conciencia, aunque sabemos que las figuras históricas que reverenciamos demostraron las cualidades eternas de la sabiduría, la compasión y el amor por la humanidad. ¿Esto no significa algo? Don'

Volviendo a la conversación sobre la vida de cada uno de nosotros, hablemos del envejecimiento. ¿Por qué (físicamente) envejecemos? Si todas las células de nuestro cuerpo a menudo son reemplazadas por otras nuevas, ¿por qué aparecen las arrugas y el cuerpo pierde gradualmente su salud anterior? Además, si nuestra inteligencia dependiera completamente del cerebro, ¿no comenzaríamos a perder nuestras habilidades mentales tan pronto como creciéramos? De hecho, nuestro conocimiento y, lo que es más importante, nuestra sabiduría aumentan con la edad. ¿Será que la pérdida paulatina de la sexualidad desde una edad relativamente temprana contribuye al desarrollo de nuestra conciencia? ¿Será entonces que concentramos toda nuestra atención en aquello para lo que encarnamos? Es decir, al expandir y elevar nuestra conciencia, aumentando el intelecto, la sabiduría, el poder del amor. Precisamente porque¿Quizás, perdiendo lo físico, comenzamos a escuchar las instrucciones de nuestra Alma y le damos cada vez más energía a las aspiraciones espirituales? Después de todo, parece que en realidad nos volvemos más sabios y sensibles a medida que envejecemos.

Las personas mayores suelen tener un gusto más desarrollado por la música, el arte, por lo que llamamos cultura, por cualidades de vida más refinadas y superiores, cualidades que resuenan más con los reinos espirituales (correlación nuevamente). La mayoría de nosotros no comenzamos una vida contemplativa hasta que hayamos superado el entretenimiento y otras energías de la juventud, a menos que estemos hablando de un "alma muy vieja" que demuestra sabiduría y compasión incluso en(físicamente) joven. ¿No apunta todo esto al destino de la humanidad en el futuro? No, no se trata en absoluto del hecho de que el cuerpo será feo y arrugado. Me refiero a la madurez de los valores: habrá un aumento gradual en la proporción de personas que están más polarizadas en los cuerpos mental y superior (que llamamos espiritual) y menos en el cuerpo emocional (el cuerpo de los deseos).

En cuanto a nuestros cuerpos físicos, se volverán aún más hermosos y perfectos. Pero la belleza ya no se identificará únicamente con el atractivo sexual de una persona, como ocurre ahora. Nuestra belleza física durará hasta la edad individual correspondiente a la edad evolutiva del reino humano. En otras palabras, cuando el reino humano esté a mitad de camino de su crecimiento espiritual destinado, la gente alcanzará la cima de la belleza no en la juventud, como lo es ahora, sino en la mediana edad. La belleza interior, que aumenta con la edad, se manifestará en la belleza de la apariencia. Se dice que aún ahora algunos Seres espirituales, o angelicales, continúan luciendo jóvenes, habiendo ya vivido una parte significativa de la vida que se les ha dado.

Esto también se observa en el reino vegetal, que ha experimentado una gran evolución (en la medida en que hemos mostrado cómo la vida individual típica de una persona repite y demuestra la evolución pasada de nuestra conciencia espiritual y cómo indica el camino que tenemos por delante). Ahora podemos mirar a toda la familia de la humanidad y rastrear la evolución humana desde la etapa animal hasta el presente. Etapas del camino evolutivo de la conciencia humana:

a) Cazando y recolectando

b) Asuntos militares

c) Agricultura Artesanía

d) ComercioIndustria

e) Información y Comunicaciones

La ciencia de la antropología argumenta que las personas comenzaron su viaje de muchas maneras como animales: había familias, familias extensas y grupos de familias (clanes o tribus). Trabajaron juntos, consiguiendo comida para ellos mismos, buscando "campamentos" adecuados, apoyándose mutuamente, etc. A medida que más y más personas buscaban comida y lugares adecuados para vivir, surgió la competencia, seguida de la agresión; quedó claro que los fuertes tenían más posibilidades de sobrevivir. Así nació la clase guerrera.

Al final, algunas personas aprendieron a cultivar sus propios alimentos yMe di cuenta de cuánto más conveniente es que buscarla. En algún momento, comenzaron a capturar y domar animales para tener carne, leche, pieles, etc. Esto permitió que las familias y tribus se establecieran en un área y los liberó de la necesidad de moverse constantemente para obtener alimentos. La necesidad (que eventualmente llevó a la habilidad) de hacer varias cosas fue una consecuencia lógica del comienzo de la formación de la sociedad y el desarrollo de la agricultura. Fue así como aparecieron las artesanías y las artes.

Naturalmente, las tribus y clanes vecinos comenzaron a comerciar e intercambiar bienes entre sí, y luego se desarrolló gradualmente la clase de comerciantes. Se requería un medio universal de intercambio, o dinero. A medida que se expandió la inteligencia humana, surgieron formas mejores y más eficientes de producir bienes; este proceso culminó en la llamada era industrial. Se requerían cada vez más conocimientos, así como los medios para adquirirlos, almacenarlos e intercambiarlos: así comenzó la actual era de la información. ¡Y así llegamos al primer gran peldaño o etapa del Plan Divino para el reino humano! ¡Ahora estamos empezando a construir un "cerebro global"! Es necesario darse cuenta de la gran importancia de este paso tan importante. ¡Pronto el planeta podrá funcionar como un Ser completo! Esto es lo que más asusta a las fuerzas del mal y, por lo tanto, tratan obstinadamente de apoyar el pensamiento separatista entre los pueblos de la Tierra.

Antes de continuar, veamos los lados buenos y malos de las etapas descritas anteriormente. personas en estas etapas de evolución. La etapa de Cazador-Recolector da nacimiento a individuos (e instituciones sociales) que buscan nuevas fuentes de recursos materiales. Pueden convertirse en pioneros y pioneros. Los que no han alcanzado el desarrollo en esta categoría se convierten en ladrones, estafadores, estafadores, etc. La clase guerrera se desarrolla en una fuerza policial y un ejército, que debe proteger a la sociedad, actuando de acuerdo con sus leyes y bajo su supervisión. Sin embargo, la historia humana está repleta de ejemplos de crueles guerras de conquista sin ley. No hace falta mencionar todo esto aquí.

En la etapa agrícola, personas desarrolladas respetuosamente.se refieren a la tierra ya toda la vida que es parte integral del ecosistema. Por lo tanto, cultivan la tierra, extraen minerales, usan el agua y otros recursos sabiamente y entienden que si todos actúan con inteligencia y buenas intenciones, si todos comparten entre sí, habrá suficiente sustento para todos. Si la economía se lleva a cabo de manera ignorante, estúpida y codiciosa, obtenemos todo lo que tenemos hoy: "granjas industriales", monocultivos que agotan el suelo, contaminación ambiental y muchos, muchos otros problemas.

Parece que la artesanía y el arte genuino se están volviendo raros. Pero nuevas energías llegan al planeta, y cuando la humanidad comience a actuar en un giro superior de la espiral evolutiva, estas habilidades no solo serán revividas, sino que también aumentarán y serán apreciadas.

Gran parte de lo que ahora se hace pasar por arte no lo es. Después de todo, el verdadero arte es siempre un reflejo de armonías y proporciones cósmicas en un nivel inferior. El comercio realizado éticamente es el reconocimiento de nuestra interdependencia; su objetivo es crear relaciones comerciales donde todos ganen. Contribuye al desarrollo de la libre empresa que incentiva a las personas a aprovechar y desarrollar sus talentos y habilidades. El dinero debe utilizarse como medio de intercambio, lo que le permite a una persona adquirir todo lo necesario para la vida y comenzar su propio negocio.

Cuando el capital se utiliza principalmente para la manipulaciónlos demás y el enriquecimiento personal, y no hay beneficio para el bien común, ¡solo es un delito! Recuerde, el capitalismo sin restricciones eventualmente debería llevar teóricamente a una persona a tener todo y a la otra a no tener nada. ¡La libre empresa y el capitalismo no son lo mismo! La codicia es una enfermedad y demasiadas personas están infectadas con ella. Hablaremos más sobre lo pernicioso del materialismo en la siguiente sección.

El lado positivo de la industrialización es que permite producir cantidades suficientes de todo lo necesario para la vida de la humanidad. Además, con el tiempo, gracias a la industria, las personas incluso tienen algo de abundancia, lo que les permite tener tiempo libre y gastarlo en ampliar sus conocimientos. De esta manera, las personas se desarrollan cada vez más intelectualmente y esto es, por supuesto, un factor importante en la construcción de un reino humano integrado.Todos estamos familiarizados (incluso por nuestra propia experiencia) con las consecuencias inhumanas de la industrialización excesiva, incluidas las ambientales; no es necesario enumerarlos específicamente aquí.

Información y comunicaciones en forma elemental siempre han estado disponibles incluso en los reinos inferiores, y se considera que la historia del conocimiento y la comunicación forman una parte importante de la historia de la evolución misma. Pero solo ahora las tecnologías de la información están comenzando a ocupar el lugar que les corresponde como la actividad principal de la humanidad. Y, aunque gran parte del incentivo para expandir el conocimiento y la comunicación se basó (y aún se basa) en motivos personales egoístas, como la codicia, el deseo de dominación, el orgullo, etc., en última instancia, todo estopara el beneficio de. Con el tiempo, el sistema de comunicación planetaria que ahora se está desarrollando se utilizará cada vez más en beneficio de todos los reinos de la naturaleza que componen la Vida Planetaria. Eventualmente habrá una interacción global sin restricciones, es decir, cada persona podrá comunicarse libremente con cualquier otra persona en el planeta. Si bien este es un asunto para el futuro, incluso ahora se pueden ver sus beneficios para la humanidad. Con la ayuda de Internet, las personas con intereses similares están en contacto entre sí, independientemente de las fronteras políticas. La "Era de Acuario" se caracteriza por la aparición en todo el mundo de grupos informales creados como resultado de dicha comunicación.

¡Este es un componente necesario del Plan Divino! Por lo tanto, las fuerzas oscuras siempre han tratado y siempre tratarán de controlar, restringir y de una forma u otra interferir con la capacidad de las personas para interactuar libremente. ¡Esto no debe permitirse! El intercambio cultural, el turismo y el comercio sobre una base justa: todo esto también contribuye en gran medida al acercamiento de las personas y al crecimiento de la comprensión mutua entre ellas.Si aspiramos a convertirnos en ciudadanos del planeta ya relacionarnos en paz y en beneficio mutuo, debemos entender que esto sólo es posible si adquirimos la cualidad de la responsabilidad. (A medida que recibimos más Luz, desarrollamos la "capacidad de responder" adecuadamente. Esta es la verdadera responsabilidad espiritual).

A menudo se dice que las personas "no se hacen responsables" de las consecuencias de sus actos. La responsabilidad no es algo que pueda sertomar o no tomar. Por definición, siempre somos responsables de nuestros pensamientos y sus consecuencias. Miremos una vez más, desde un ángulo diferente, el desarrollo de un individuo humano individual, comparándolo con la evolución de la humanidad hasta el momento actual. Cuando la Luz Cósmica descendió más y más profundamente en la materia, ooscuridad, los "Rayos" de este Espíritu puro, o Mónada Divina (alguien lo llamaría una "chispa de Dios") disipados, penetrando en la materia más densa - en lo que llamamos el "reino de los minerales". Entonces comenzó el trabajo de liberación, es decir, la implantación de la conciencia en una parte de la vida inconsciente. Después de miles de millones de años, Light creó una "preconciencia" que creció a medida que se movía hacia arriba, abarcando los reinos vegetal y animal. Eventualmente, cuando la Luz recibió la guía del Ángel Solar o Alma, se convirtió en miembro del reino humano.

Esto es lo que es importante recordar: en esencia, ¡somos la chispa inmortal de Dios, o el Cosmos! Pero una vez fuimos sólo formalmente seres humanos, viviendo principalmente por instintos animales, y nuestra Alma tuvo que hacer esfuerzos para guiarnos y desarrollar nuestra verdadera humanidad durante un largo período de tiempo. Por lo tanto, cuando cualquiera de estos seres (es decir, nosotros) inicia sus encarnaciones en el plano físico para pasar por la escuela de la vida, esta persona inicia su viaje desde una etapa infantil relativamente primitiva. Todavía se parece mucho a un animal y actúa como un cazador-recolector, siguiendo el camino de menor resistencia, es decir, viviendo solo de lo que puede obtener por sí mismo. Esto continúa mientras él está en la sociedad de cazadores-recolectores. Pero cuando comienza a encarnar en una sociedad agrícola o comercial más avanzada, donde los bienes y servicios se adquieren a través del trueque oa cambio de dinero, tal comportamiento se vuelve inaceptable.

En esta etapa (al comienzo de la evolución), las personas aún no han desarrollado una conciencia y, a medida que envejecen, a menudo llegan a la idea de "quien es más fuerte tiene razón". Incluso hoy en día, las "almas jóvenes" (aquellas que han tenido pocas encarnaciones físicas) se encuentran a menudo en este estado "infantil". Viven sólo para satisfacer sus deseos.

También sabemos que algunos individuos, incluso aquellos con un intelecto desarrollado, siguen siendo esencialmentedepredadores y consiguen lo que quieren por los medios más primitivos. La sociedad debería tener esto en cuenta al organizar el trabajo de los sistemas judicial y correccional (y otras instituciones). Necesitamos tratar de encontrar formas de plantar una nueva conciencia en una persona, y no simplemente poner a esas personas tras las rejas junto con otras que se encuentran en la misma etapa temprana de evolución. Todo el mundo es muy consciente de que esto sirve de poco.

Por favor, no me malinterpreten: no hay nada de malo en el estilo de vida primitivo de cazadores-recolectores. Es solo que todos necesitamos aprovechar las oportunidades que se nos brindan para pasar a niveles más altos de la escuela de la Vida en el planeta para poder cumplir con nuestro destino Divino.¿Por qué? Porque la evolución del hombre hacia la iluminación, así como la responsabilidad asociada a ella, son planificadas por Mentores espirituales, o Jerarquía (o Dios, si se prefiere). Si nos atascamos en cualquier etapa de nuestra evolución espiritual, obviamente nunca cumpliremos nuestro destino Divino. El siguiente paso es el comienzo de la cooperación, pero hasta ahora solo por el bien de uno mismo.

Dado que la vida a menudo es amenazante y caótica en este nivel, comenzamos a adherirnos a ciertas leyes y a mantener el orden. Peroen esta etapa, las personas suelen estar más preocupadas por hacer que los demás, en lugar de ellos mismos, sean respetuosos de la ley y disciplinados. El poder, la fuerza y el control siguen siendo muy valorados. Después de muchas encarnaciones, de haber acumulado mucha experiencia, de haber hecho mucho esfuerzo (y de haber pasado por mucho dolor), la persona aprende gradualmente que es mucho más agradable estar entre personas que demuestran cualidades como la responsabilidad y el buen hacer. voluntad, y que en esto para nosotros, tal vez, haya algún mensaje. Es en esta etapa que comenzamos a abrirnos al contacto con nuestra Alma, y dado que nuestra Alma es parte del Alma Única, adquirimos una nueva cualidad: "simpatía" y, como resultado, comenzamos a mostrar cierta preocupación por el bienestar de los demás.

Ya no vivimos por nuestros propios intereses. ¡El altruismo comienza a florecer! Después de muchas encarnaciones, la buena voluntad se convierte gradualmente en voluntad del bien. Esto significa que ahora está operando activamente en el nivel de la intención y se convierte en nuestra "segunda naturaleza". Como ya se mencionó, ¡este es un momento muy importante en nuestra evolución espiritual! No hay nada de sorprendente en el hecho de que las religiones que aparecen en diferentes períodos de la historia suelen corresponder al nivel de desarrollo de la conciencia. Las religiones primitivas generalmente se preocupan por cosas bastante físicas, por ejemplo, animales y partes de sus cuerpos, y a veces incluso tratan de invocar a los elementales, o espíritus de la naturaleza del plano astral inferior (emocional). Cada tribu tiene sus propios dioses. Están conectados con lo terrenal y "mundano", pueden ser crueles y, a veces, incluso requieren víctimas vivas. En un nivel superior, las religiones primitivas pueden ayudar a la curación física y psicológica y abrir los ojos de las personas al hecho de que hay vida y Espíritu o Alma en todo.

Luego tenemos dioses creados a nuestra propia imagen infantil. En primer lugar, estas son deidades celosas que quieren ser servidas y adoradas. Nos controlan a través del miedo y la culpa con la ayuda de recetas sencillas e inquebrantables queimpuesto por la intimidación: a los infieles ("ellos") se les prometen terribles castigos en el más allá; pero los elegidos ("nosotros") esperan una eternidad bienaventurada. ¡Reglas emocionales! En este nivel, las religiones a veces son usurpadas por quienes están en el poder y "Dios" solo complementa a los gobernantes: favorece un determinado género, raza, nacionalidad y las ambiciones políticas y económicas actuales de alguien (doctrinas). Sucede que una persona, habiéndose convertido en gobernante, se apropia del estado de un dios o de cualidades divinas.

Somos muy conscientes de los terribles crímenes cometidos en nombre de las religiones basadas en el miedo.Por otro lado, el miedo a tales religiones llevó a muchas personas que se caracterizaban por un comportamiento criminal y antisocial a la primera etapa de comportamiento ético. Pero continuamos evolucionando, nuestras mentes se vuelven más activas y, en consecuencia, algunas creencias pierden cada vez más sentido. Si hay un Dios, entonces Dios debe ser mejor que nosotros, no tan malo o peor. El dogma basado en las emociones está siendo cuestionado cada vez más. Cada vez hay menos fe en el cielo o el infierno eternos, porque se hace evidente que una persona que ama de verdad no puede disfrutar de la vida mientras los demás sufren un tormento sin fin, por mucho que hayan pecado. Y no es solo eso: el propósito de los "castigos" y el dolor transferido es acabar con algo, enseñarnos algo para que podamos crecer más. Pero el sufrimiento interminable no puede servir para este propósito ni para ningún otro.

Entendiendo esto, una persona se aleja gradualmente de una religión basada en sentimientos de culpa y miedo, hacia religiones basadas en el Amor (y que son intelectualmente más sanas). El enfoque está cambiando: si antes todos los esfuerzos estaban dirigidos a apaciguar a Dios y así salvar el propio pellejo, ahora uno comienza a preocuparse por todas las criaturas. La conciencia comienza a desarrollarse. Y todo este tiempo nos estamos adaptando cada vez más a la civilización. Después de muchas vidas, comenzamos a desarrollar una verdadera cultura. Aunque no nos demos cuenta, ahora nos estamos convirtiendo, en cierto sentido, en seres espirituales.

Y así llegamos a la siguiente etapa, cuando a menudo cuestionamos la religión y, a veces, incluso la rechazamos por un tiempo. Podemos pasar más de una vida desarrollando la mente inferior pero alejándonos del control de las emociones. A menudo, en esta etapa, la religión se convierte, por así decirlo, en una ciencia o, mejor, en un "cientificismo". La mente concreta (o, como se dice ahora, el pensamiento del "cerebro izquierdo") se desarrolla demasiado y se apodera de la personalidad. Esta mente está convencida de que todas las respuestas se pueden encontrar en el ámbito material, simplemente desarmando las cosas y estudiando sus partes constituyentes. En esta etapa, la mente inferior se convierte en el "asesino de lo real" (como se le llama en las Enseñanzas de la Sabiduría), porque es incapaz de ver la realidad superior y abstracta, la verdadera espiritualidad, y niega su existencia. Por lo tanto, aquellos que están enfocados en una mente en particular a menudo encuentran infundadas las verdades de aquellas personas que son capaces de operar en niveles superiores. El engreimiento intelectual es una trampa en la que muchos han caído en esta etapa.

O, por el contrario, nos adherimos al "hemisferio derecho" y nos volvemos más místicos. A medida que nos volvemos más sabios, nuestros dioses se vuelven más como nuestros padres: esperamos que respondan llamadas razonables y confiamos en que se preocupan por nuestro bienestar y el de los demás. Entendemos que todas las personas tenemos que aprender lecciones ("Lo que será, no se evitará") y, al final, los recibimos experimentando plenamente el mismo dolor que hemos causado a otros.

Luego, después de muchas vidas, se abre gradualmente ante nosotros un panorama más amplio. ¡Comenzamos a comprender cuán insolente es por parte de un hombrecillo débil pensar que al menos ha comenzado a comprender al Creador del Universo! ¡En términos del nivel de conciencia, estamos mucho más cerca de los insectos que incluso del más bajo de los Seres verdaderamente espirituales! Finalmente, ganamos humildad y sentido de la proporción. Y sólo entonces se puede iniciar la larga ascensión a la Sabiduría Divina. Es en ese momento que comprendemos cosas muy importantes: todo es parte de un todo aún mayor; hay un Principio inmutable que todo lo abarca; el universo es una jerarquía en evolución, y "Gran Diseño Universal" (como algunos lo llaman). ¡Y nosotros somos parte importante de ello!

Las personas que han alcanzado esta etapa de

crecimiento espiritual, es decir, responsables, compasivas, altruistas, que ejercen una voluntad al bien inteligente y eficiente, son consideradas desde arriba como el "Nuevo Grupo de Servidores del Mundo". Están trabajando para un propósito superior, un propósito evolutivo, lo sepan o no. (Muchos no lo saben. Pero las personas con estas cualidades realmente sirven al Plan Divino).Un poco más adelante hablaremos sobre las etapas posteriores del Camino del Discipulado. De vez en cuando nacen seres entre nosotros, trayendo nuevos mensajes que nos muestran los próximos pasos de nuestro crecimiento espiritual. Los matamos, y cuando pasa mucho tiempo, solo aceptamos gradualmente y de mala gana algunas de sus enseñanzas.

Pero las fuerzas oscuras por lo general se las arreglan para construir algún tipo de institución religiosa en torno a nuevas verdades y en gran medida castran el Espíritu de ellas, diluyéndolas, dogmatizándolas y politizándolas. Hay una especie de gravedad en el reino humano, un impulso de descender al nivel común más bajo, y si no se resiste, el resultado es siempre desastroso. Vemos este proceso repetido una y otra vez a lo largo de la ola humana de la vida. Simplemente escuche a aquellos en posiciones de poder (ya sean seculares o religiosos) y notará con tristeza cuán rara vez demuestran siquiera una fracción de la verdadera sabiduría, y mucho menos más.

Pero esta situación está a punto de cambiar con el advenimiento de nuevas Almas iluminadas.Las personas inspiradas que iniciaron las grandes religiones lo hicieron para iluminar el camino que está abierto para todos nosotros, y todas las religiones verdaderas continuarán guiándonos. Un gran problema surge cuando una iglesia se vuelve comprometida y engreída y comienza a creer que en sí misma es la meta final. Cuando un líder de la iglesia dice: "Solo tienes que venir a mi iglesia y eres salvo. ¡He conocido la verdad, toda la verdad y la única verdad!" - ¡Esta persona obstaculiza nuestro crecimiento espiritual en lugar de ayudar! Es simplemente una indulgencia de esa debilidad que todos tenemos: el deseo de "ser más santos que los demás". Una forma de pensar tan pervertida ya ha llevado y ahora conduce a sangrientas guerras religiosas y persecución de los no creyentes.

Permítanme explicar mi pensamiento: las religiones siempre han sido, son y serán un medio fuerte y necesario para iluminar a la humanidad. Pero, como en todo lo demás, debemos ser exigentes con lo que aceptamos como verdad universal. La espiritualidad proviene de lo que realmente somos: el Espíritu. La religión, por otro lado, son creencias compartidas colectivamente sobre la realidad. Nuestra Alma, el Ser superior, el "Reino de Dios dentro de nosotros" es nuestra única guía confiable, y debemos seguir su guía de buena gana.

Antes de terminar esta sección sobre el Universo como Maestro, es necesario prestar especial atención a un punto: ¡todos los problemas en todos los reinos de la vida, en todas las esferas de la vida, son superables y, en última instancia, se resuelven solo elevando la conciencia! Debido a la iluminación espiritual y el amor. Esta es una de las verdades más profundas que una persona puede conocer, y la verdad que definitivamente debe pensar y comprender. Todos los demás intentos de resolver los problemas de la humanidad son solo medidas temporales.

No hay "palos" y "zanahorias", ya sea bienestar material, buena salud, todos los beneficios de una vida feliz, o castigo, la coerción, la culpa, el miedo, etc., por sí solos nunca han cesado ni detendrán la "inhumanidad entre las personas" (Robert Burns, "El hombre nace para llorar"). Pero conducen a un aumento gradual de nuestra conciencia, como resultado de lo cual una persona hace más "bien" y menos - mal. Y, de nuevo, sólo el crecimiento de la conciencia, tanto a nivel individual como a nivel de todo el reino humano, conducirá a una vida justa y pacífica.

Los seres que actúan desde el nivel del Alma no dañan a los demás ni con sus acciones ni con sus pensamientos. Toma cualquier escenario de sufrimiento humano, y cuando lo analices, verás que fue causado por la ignorancia o la estupidez, causado directa o kármicamente por la acción de algún aspecto de las vidas planetarias. Incluso los llamados desastres naturales nos enseñan algo. En otras palabras, el ciclo de vida del universo es el tiempo que lleva elevar la conciencia de toda Vida en el universo a la perfección. O - a la Iluminación Universal.

Esto no significa que tengamos que esperar miles de millones de años para que se alivie nuestro sufrimiento. Con el crecimiento de la conciencia individual y la comprensión que conduce a las acciones correctas y los pensamientos correctos, entraremos cada vez más en un estado de alegría. ¡Los verdaderos maestros espirituales siempre se regocijaban, incluso cuando vivían en las condiciones más difíciles! Repitamos una vez más: siempre desde la materia (externa) - hacia arriba a través de la mente, o conciencia (cualidad) - al Amor-Sabiduría

(Espíritu, o Vida). Este es el Camino de la Iluminación.

Lo vemos tanto en nuestras vidas como en la evolución de nuestro planeta. Si nos fuera dado ver el cuadro completo del universo, entonces lo veríamos en el retorno evolutivo de todo el Cosmos a su Fuente perfecta. Y Él sigue el mismo camino.¡Esta es la verdadera "liberación de la materia"! Se libera, o mejor dicho, se reespiritualiza a través del ciclo de vida eterna del universo. Este es el sentido último de la vida. Este es el Plan Divino, y nosotros somos parte de este proceso, ¡y uno muy importante! Alguien preguntará: "¿Por qué los maestros de la raza humana simplemente no nos dicen y nos muestran estas verdades superiores, para que nunca dudemos de ellas, por así decirlo, no serán inscritas en el cielo?"

Hay varias razones para esto. Lo principal es que entonces no habríamos aprendido a saber, nos habríamos vuelto aún más perezosos que ahora, seguiríamos el camino de la menor resistencia y, por lo tanto, seguiríamos siendo niños dependientes (en el sentido espiritual) incluso más tiempo. Sí, las verdades elevadas a menudo se distorsionan en un grado u otro. Por lo tanto, necesitamos expandir constantemente nuestra mente, que es el camino hacia la sabiduría. Hay muchos fenómenos que pueden llamarse misteriosos. Se pueden interpretar (o ignorar) de diferentes maneras: depende del grado de iluminación de una persona.

Por lo tanto, las personas que no quieren cambiar sus creencias se aseguran de que los eventos que van en contra de sus puntos de vista en realidad no ocurran.

Algunos lo llaman la "ley del desorden", otros lo llaman el "principio de incertidumbre". Los maestros de la humanidad siempre han dicho que a medida que avancemos veremos que hay muchos niveles de realidad aparente. Debemos luchar por un nivel superior, no solo para expandirnos, sino también porque nuestro yo superior evalúa constantemente,Eventualmente alcanzamos la etapa de la sabiduría y de hecho comenzamos a ver la perfección del Plan Divino y la gran Verdad, abriéndose en la increíble belleza de nuestra experiencia mundana. Y entonces comenzamos a entender: ¡fue "escrito en el cielo"!

A lo largo de la historia, los místicos de todas partes del mundo, que profesan todo tipo de religiones (o ninguna), han experimentado esta percepción y están constantemente tratando de explicársela a todos los demás.Bien. Si somos parte de este Universo, de este enorme Ser, y estamos inmersos en un ambiente ideal para el aprendizaje (cognición), ¿por qué no crecemos, evolucionamos mucho más rápido? ¿Por qué nos "extrañamos" por eso? Parece que muchos de nosotros estamos bastante satisfechos con nosotros mismos y nos gustaría seguir siendo como somos. Ahora hablaremos de esto.

Dónde Hemos Estado (Y Por Qué Seguimos Allí)

Siento sueño y me acuesto a descansar. Creo que me quedé dormido, pero de repente me desperté. Para mí, este día es muy importante.Nuestra tribu deambulaba por la zona en busca de un lugar para encontrar comida. Ayer, uno de nuestros rastreadores regresó aquí (donde nuestra tribu se encuentra temporalmente) y dijo que vio una familia de animales lo suficientemente grande como para proporcionar alimento a toda la tribu, pero no tanto como para que sean muy peligrosos y difíciles de obtener. Hoy conducirá a los guerreros hasta allí, con la esperanza de que los animales sigan allí.

¿Por qué es tan importante este día para mí? Después de todo, esto sucede con bastante frecuencia en la vida cotidiana de cualquier tribu. La búsqueda de alimento es en lo que gira toda la vida de nuestras tribus. Este día fue especial para mí, porque por primera vez se me permitió participar en la cacería. ¡Finalmente me convertí en un guerrero!Todos los jóvenes de todas las tribus no pueden esperar hasta que sean lo suficientemente grandes, fuertes y ágiles para ser llevados a tal cacería. Desde que tengo memoria, parece que solo soñé con esto, preparándome para este día. ¿Qué significa "cazar así"? ¿Y por qué necesitas ser nombrado guerrero? Te diré por qué. Toda la tribu se dedica constantemente a la caza o la recolección. Buscar y recolectar comida mientras deambulan cerca es algo común. Pero para cazar animales, alejándose del campamento, Esto es completamente diferente. Se trata de peligro: en el bosque salvaje podemos tropezarnos inesperadamente con animales desconocidos. O peor aún, los guerreros de otras tribus que también pueden cazar en el mismo lugar. Los resultados de tales reuniones son impredecibles. A veces, sin apenas darse cuenta, los grupos de cazadores simplemente se dispersan en diferentes direcciones sin hacer contacto. A veces pueden acercarse e intercambiarsaludos. Pero si una de las tribus experimenta hambre severa, lo que sucede a menudo, entonces la reunión se convierte en una cuestión de vida o muerte. Cuando una tribu ha encontrado un buen lugar para cazar, o cuando ya han matado animales y están en camino con presas, los guerreros de otra tribu que se encuentran con ellos pueden atacarlos, mutilar a alguien o incluso matarlo. Así sucedió en la última cacería (entonces dos de nuestros soldados quedaron lisiados), por eso, por así decirlo, fui "empujado hacia adelante". Si me muestro bien, seré aceptado en los guerreros de verdad.

Pero si esta es mi primera salida como guerrero cazador, entonces, ¿cómo sé todas estas cosas y por qué me siento tan seguro? Es solo que me he estado preparando durante mucho tiempo. Desde la primera infancia, escuché muchas veces cómolos hombres hablaban de caza. Y no solo los propios guerreros, sino también los antiguos guerreros, y los que pronto se convertirían en guerreros, y los que solo soñaban con ello. Parece que no hablaron de otra cosa: se jactaron de los éxitos del pasado, lamentaron los fracasos del pasado y discutieron sobre cómo deberían haber actuado para ser diferentes. Un sinfín de estrategias y tácticas para cualquier situación: cómo acercarse sigilosamente a un animal, cómo matarlo y traerlo a casa para que los guerreros de otra tribu no se lo lleven. Esto fue discutido en gran detalle, porque todo esto debe ser conocido para poder sobrevivir. No es de extrañar que me sienta bastante preparado. Todos deben estar preparados para la caza, porque últimamente la comida escasea y la tribu se muere de hambre. Necesitábamos conseguir comida.

Y llegó el día de la caza. Nosotros, los guerreros, nos unimos (me encanta tanto eso de "nosotros, los guerreros"). Estamos en camino y comienza la cacería. Siguiendo en silencio al rastreador, pienso en cómo la caza une a toda la tribu y cómo cada uno juega su papel en ella. Otros hombres fuertes permanecen en el campamento, listos para repeler cualquier peligro del exterior mientras estamos fuera, o para ayudar si somos perseguidos (estos son nuestros refuerzos). Las mujeres, los ancianos y los niños nos ayudan a preparar el camino, nos animan y cuando regresemos nos recibirán con salvajes delicias y nos prepararán una verdadera fiesta. Bueno, y, por supuesto, chicas. A menudo he notado que los guerreros más exitosos son del agrado de las chicas más hermosas. Así que hoy vi que la chica que me gusta y que me gustaría que me gustara se comportó de manera diferente conmigo. De alguna manera, lo intentó especialmente cuando me deseó una cacería exitosa y expresó su esperanza de que regresaría sano y salvo. Pero su sonrisa y su mirada decían aún más...

Y ahora hemos venido al lugar correcto. Nos estiramos en línea, como habíamos acordado previamente, para localizar y rodear a la presa antes de que nosotros mismos la miráramos. ¡Y entonces empezó! Vimos algunos cerdos salvajes justo cuando nos vieron. Mientras dudaba, sin saber qué hacer, cazadores más experimentados rodearon a un cerdo y todos juntos trataron de tirarlo al suelo. Pero no fue fácil, porque el cerdo quería vivir tanto como nosotros queríamos comer. Yo "bailé" alrededor de la pelea, tratando de cubrir cualquier hueco por donde el animal pudiera escapar. exactamente estoSe suponía que debía hacer según nuestro plan. Finalmente, después de muchos intentos inútiles de escapar, el cerdo se agotó, uno de nuestros hombres fuertes lo agarró con fuerza, se lo puso y con esta carga chillona se apresuró a nuestro campamento.

Y entonces sucedió algo que menos queríamos. Vimos otro escuadrón de guerreros. Obviamente, escucharon un ruido y corrieron hacia nosotros. Sus fuerzas eran más frescas y no les costó nada derrotarnos. Además, nuestro rastreador notó que algunos de ellos eran de una tribu llamada "osos" por nuestros viejos por su fuerza y crueldad.Nos dispusimos a luchar ya toda costa para salvar el botín que tanto nos costó ganar. Emoción, miedo, anticipación, ira, todo mezclado. Recuerdo bastante vagamente lo que sucedió a continuación. Los dos escuadrones se enfrentaron agitando brazos y piernas, pateando, peleando con palos y puños. Recibí muchos golpes y me golpeé implacablemente a mí mismo. Nuestro cerdo revivió y se escapó de los brazos del cazador sosteniéndola en una conmoción. Uno de los "osos" la agarró e intentó escapar.

Aunque estábamos cansados, no nos íbamos a rendir. Lo perseguimos, lo alcanzamos y lo tiramos al suelo. El cerdo se soltó de nuevo, pero esta vez fue agarrado por uno de nuestros hombres más fuertes y rápidos. Animados por este giro de los acontecimientos, lo rodeamos, tratando de no dejar que un solo "oso" se acercara. La lucha continuó, pero no nos rendimos. Finalmente, no estábamos lejos de nuestro campamento y, al oír un ruido, corrieron a ayudarnos. ¡Hemos logrado nuestro objetivo! Nunca he experimentado tal elevación en mi vida. Todos gritaban y agitaban las manos. Y entonces es mejor: "mi" chica corrió hacia mí y saltó de alegría. Recuerdo que entonces nos abrazamos. Estaba sudoroso, sucio, sin aliento, ¡y ella me abrazó! ¡Estaba encantado! Y me desperté.

¡Despertó! Entonces, ¿fue solo un sueño? ¡No puede ser! Todo era como en la vida: ¡igual de brillante, vivo, emocionalmente! No quiero olvidarlo. Un sueño tan vívido y realista debe significar algo importante. Interesante... bueno, quizás lo piense en otro momento, ¡el fútbol está comenzando y no me perderé este partido por nada del mundo!Pero, ¿qué tal una especie de partido de fútbol cuando hablamos de lo más importante de la vida, de verdades universales? Respuesta: El hecho de la gran popularidad de los llamados juegos deportivos nos dice mucho sobre dónde se encuentra ahora la humanidad en su camino evolutivo, y también indica a los sabios lo que debemos superar. Por supuesto, no hay nada de malo en el deporte en sí mismo.

En términos generales, hacer deporte es una buena manera de liberar energía física y emocional y, por supuesto, es mucho mejor que la guerra (que en realidad siempre ha sido un deporte para gente agresiva). En nuestro tiempo, cuando las guerras se han vuelto demasiadoterrible para ser elogiado, no es casualidad que el deporte comenzó a ganar cada vez más popularidad. Aunque los deportes competitivos son generalmente bastante inofensivos, este es un ejemplo que nos muestra no solo la fuerza de la "atracción" de la materia que tenemos que vencer, sino también cuán susceptibles somos a las influencias de formas de pensamiento antiguas en el aura de la Tierra, o, en otras palabras, a la memoria de los antepasados. (Y hay muchos otros ejemplos que no son tan inofensivos). También debemos entender que las personas vivieron en tribus y cazaron durante millones de años, es decir, mucho más que el período de la agricultura y el comercio. Además, la supervivencia misma de una persona dependía del éxito de la caza. Esto explica por qué tales formas de pensamiento son mucho más fuertes que las que aparecieron mucho más tarde. Como se discutió en la sección anterior de este libro, hay personas que, incluso ahora, apenas están comenzando a salir de estas fases iniciales del proceso evolutivo. El deporte es solo un ejemplo de lo fuerte y emocionalmente que nos aferra nuestro pasado.

Si no crees que el deporte proviene de formas de pensamiento antiguas, hagamos un análisis. Cualquier juego deportivo generalmente comienza con el hecho de que se reúnen grupos (o, en el caso más simple, parejas) de personas que compiten. A menudo, en los juegos se utilizan palos, raquetas o bates que se asemejan a palos o hachas, así como pelotas u objetos similares (del tamaño de un animal pequeño o un pájaro). Estos objetos deben pasar por encima o alrededor de algún obstáculo, meterse en la "canasta" o "puerta", martillarlos con un palo o una señal en un agujero, etc. ¿No se parece esto al proceso de atrapar y martillar presas de caza y entregarlas? es "casa"? En este caso, debes burlar o dominar a otra tribu... es decir, a otro equipo. En los grandes deportes, el equipo contrario siempre es de otro lugar, solo los niños juegan juegos deportivos "entre ellos".

Es curioso que los americanos hasta el día de hoy llamen al balón de fútbol "piel de cerdo" (piel de cerdo). ¿Es necesario tener una gran imaginación para ver en esta bola al cerdo de mi sueño, por el que lucharon tan ferozmente dos grupos de pueblos primitivos? (Especialmente cuando se trata de fútbol americano). Como ya he dicho, la mayoría de los "juegos deportivos" son generalmente ejemplos inofensivos de la influencia de formas de pensamiento antiguas y no muy antiguas, conservadas en el aura de la tierra, asociadas con la obtención de alimentos. Pero hay muchos "remanentes del pasado" que pueden ser muy peligrosos. Baste recordar las sangrientas guerras por la tierra que aún hoy se desarrollan. Los pueblos luchan por el derecho a la propiedad del territorio donde vivieron sus antepasados hace miles de años. Sé que es un tema delicado, porque ha habido ocupaciones y desplazamientos forzados, y algunos pueblos sí tienen derecho legal a exigir la devolución de su tierra natal (por supuesto, todos tienen derecho a un espacio digno). Pero este apego al "suelo", cuando se lleva al extremo, impide que la persona mire "hacia arriba" y concentre sus esfuerzos en el camino de ascenso a nuestra verdadera Patria.

A lo largo de nuestras vidas, el Alma puede querer de vez en cuando que una persona o personas se muevan, para que se comuniquen con otras personas y reciban nuevas lecciones. Permaneciendo en el mismo lugar durante mucho tiempo, la gente se estanca, porque aquí ya se han pasado todas las lecciones. No es de extrañar que la humanidad sea cada vez más móvil yglobal comunidad. Las personas iluminadas aprovechan las nuevas posibilidades de libertad para diversificar su experiencia y aprender algo. Volviendo a la cuestión de cómo encaja el deporte en el panorama general, hay otro punto importante que destacar. Para que un objeto vuele (esto lo sabe cualquier piloto), la fuerza de sustentación debe superar la fuerza de la gravedad.

Lo mismo es cierto cuando se alcanzan alturas espirituales. Al igual que con un avión, hay fuerzas que quieren levantarnos y fuerzas que quieren mantenernos abajo. Las energías que nos elevan a las alturas espirituales y nos hacen avanzar hacia una nueva conciencia songuías divinos planetarios, así como nuestra propia Alma. Se les oponen fuerzas que quieren mantenernos abajo; algunos de ellos son obvios y se les llama "las fuerzas del mal", otros no son tan obvios y por lo tanto más difíciles de superar. La energía de la materia misma tiene vibraciones muy bajas (hablando en un sentido espiritual), y para que los reinos superiores, incluido el hombre, progresen, esta propiedad de la materia debe ser superada. Mucho de lo que sucede en el mundo físico es una "lucha" entre el Espíritu y la materia, que se manifiesta en el hombre como una lucha entre el Alma y la personalidad.

Como se discutió en la sección anterior, el universo es nuestro maestro. Por lo tanto, tenga especial cuidado con el simbolismo: puededecir mucho El nivel más pesado de materia es el reino mineral, que es esencialmente inconsciente e inmóvil. El siguiente reino, menos pesado y con principios de conciencia, es el reino de las plantas, que tienen una movilidad limitada. Luego viene un reino aún más liviano con una conciencia y movilidad aún mayores: el reino animal (la clase de las aves también está asociada con el reino de los devas). Y, por supuesto, el reino humano (como un todo) es el más ligero y móvil de todos los reinos en el plano físico. Muchos no se dan cuenta de que los reinos superiores o espirituales son tan ligeros (e iluminados) que ni siquiera podemos sentirlos físicamente y, por supuesto, ya han alcanzado lo que llamaríamos una libertad casi ilimitada.

También sabemos que el reino vegetal destruye y consume gradualmente al reino mineral, el cual, a su vez, absorbido por el reino animal (y la forma animal de nuestros cuerpos humanos). Estos procesos físicos corresponden al surgimiento de la conciencia en los reinos superiores. Por ejemplo, cuando nosotros (o los miembros del reino animal) comemos plantas, nuestra energía superior en realidad es beneficiosa para el reino vegetal. Otra cosa es cuando se comen animales, porque la energía de estos últimos suele ser fuerte y tosca y, actuando sobre una constitución humana más sensible, tiene un efecto engrosador. ¡Mira siempre en términos de energías! Por lo tanto, la mayoría de las veces no se fomenta el uso de carne en la práctica espiritual, y si se permite comer carne, entonces se recomienda la carne de las clases de animales más bajas y menos crueles: pescado, mariscos, pero no la carne de mamíferos carnívoros. . Y por lo tanto, por cierto, nosotros los humanos procesamos térmicamente la carne para convertirla en alimento, utilizando el poder inherente al fuego para expulsar algunas de las energías animales brutas.

Hablemos de metasetapas superiores de los reinos. El objetivo principal del reino mineral es adquirir la cualidad de organización. Mire un hermoso cristal y piense qué tan alto debe ser el nivel de organización para lograr tal perfección. Curiosamente, se considera que la etapa más alta en la evolución del reino mineral es la radiactividad, cuando la forma ya no puede soportar la vida que habita en ella, y nuevamente estamos hablando de un alto grado de libertad. Algo análogo a tales transformaciones en el plano físico también tiene lugar en los reinos sutiles. Cuando la conciencia de los minerales más avanzados se eleva gradualmente al nivel del "primer piso" del reino vegetal, la esencia de su alma se transfiere a este reino.

Entonces comienza el viaje a un nuevo nivel de conciencia. A medida que la vida vegetal más simple se desarrolla en formas cada vez más altas (incluidos los árboles, a menudo llamados los "pulmones del planeta"), el alma (grupal) despierta. Al final, llega un clímax cuando el "alma" puede manifestarse a través de la belleza de las flores: la libertad se expresa a través de su capacidad de irradiar olor y color, lo que atrae a los insectos más desarrollados, así como a las aves y las personas. Nosotros el pueblo honramosflores cuando las usamos en nuestros rituales más importantes y reconocemos su sutil poder curativo cuando las damos a los enfermos.

El objetivo del reino vegetal es aprender a sentir. Gradualmente, esto conducirá a emociones y deseos elementales, cuando la energía del alma pase al reino animal.La ola de vida asciende a través del reino animal, la complejidad y la movilidad de los organismos aumentan; por fin la ola alcanza el más alto nivel de vida en este reino: los animales domésticos. Tienen la mayor libertad de movimiento, mientras quieren y pueden acompañar a una persona a todas partes. Por lo tanto, al domar un animal que se puede volver doméstico, cambiamos el espíritu animal en él a "prehumano", y en cierta medida comienza a considerarse uno de nosotros.

El objetivo del reino animal es adquirir gradualmente emociones y deseos y luego desarrollar estos sentimientos hasta un nivel casi mental. (Sabemos que algunas mascotas son bastante inteligentes). Debido a que este reino comienza con seres unicelulares, estos procesos toman largos períodos de tiempo. Bueno, todo eso es genial, pero ¿qué hay para nosotros? El problema para la humanidad es que mientras todos los reinos luchan por la iluminación a largo plazo, las energías fuertes y burdas de la materia, la inercia de la materia, nos están arrastrando hacia abajo. En una palabra, el problema es el materialismo. La humanidad no se da cuenta de cuán fuerte es la influencia de estas fuerzas en nuestro reino y cuán susceptibles somos a ellas. Las cosas (la materia) nos han cegado a la mayoría de nosotros.

Estamos tan profundamente inmersos en su hechizo que ya no los notamos. Es para nosotros como el agua es para los peces. Se dice que "el amor al dinero es la raíz de todos los males". Y es verdad El amor al dinero (material) es de hecho la raíz de casi todo lo malo en el mundo humano. Las tres "M" - materialismo, monetarismo y militarismo - no son malas en sí mismas e incluso juegan un papel necesario en la evolución humana. El único problema es nuestro apego excesivo a su energía. Y lo malo es que nuestras instituciones públicas apoyan esta mentalidad.

Aquí debe enfatizarse que la materia bruta nos da otra

ilusión aún más peligrosa: en el nivel de la materia, todo parece existir.por separado. La mayoría de las veces, cuando estamos en el reino humano, no nos damos cuenta de que somos parte de él y estamos conectados con todos los demás en él, así como con todo lo que está en todos los demás reinos, en todo el planeta e incluso en el universo entero Una vez que entendamos esto, habrá un final para las guerras, el crimen y el daño deliberado a otros. Comenzaremos a adherirnos a la regla de oro: tratar a los demás como queremos que nos traten a nosotros. (Hablaremos más sobre esto pronto).

Debemos entender que el reino humanoTambién hay que trabajar para ganar la libertad, ¡pero no somos libres si nos aferramos a lo material!A lo largo de la historia de la evolución humana, todos los maestros espirituales han enfatizado la necesidad de superar nuestro apego a lo material. De hecho, no podemos "servir a dos señores". Cuando enfocamos nuestras energías en las cosas materiales, nos privamos de la capacidad de apoyar el crecimiento de nuestra conciencia. Una persona alcanza la máxima libertad cuando toma el control de su vida y se libera del hechizo de la materia, cuando comienza a actuar a nivel de sus cuerpos superiores bajo la guía directa del Alma. Al hacerlo, finalmente entramos conscientemente en el camino del discipulado espiritual. ¡Solo entonces nosotros, de hecho, nos convertimos en personas en el pleno sentido de la palabra!

"Material" no son solo "cosas" en el plano físico que pueden ser escuchadas, vistas, tocadas, gustadas, olidas. Hay correspondencias superiores de materia en los niveles inferiores de todos los planos. Tomemos, por ejemplo, el plano astral: allí surgen nuestros deseos, asociado con la riqueza material, el dinero y las sensaciones físicas (incluidas las sexuales). En el nivel más bajo del plano mental, descubrimos cómo satisfacer nuestra codicia y sentido de superioridad, y nos convencemos de que solo existe la realidad que experimentamos físicamente. ¡Es hora de dejar de gastar tanta energía en estos niveles bajos y relativamente materiales!

Es bien sabido que muy a menudo las personas que han estado ahorrando toda su vida riquezas, se vuelven muy infelices y devastados con la edad y terminan sus vidas como criaturas simplemente miserables. Sucede que la vida de sus hijos también falla, porque junto con el dinero heredan valores distorsionados. Uno puede juzgar el estado evolutivo de una persona rica (o poderosa) por si solo está tratando de mantener sus privilegios y capitales, o si está inclinado a preocuparse por los menos afortunados y abogar por un orden más justo que brinde a todos las mismas oportunidades. usar recursos terrenales.cosas buenas. Realmente felices son aquellos ricos que ven la Luz y se liberan de las cadenas del materialismo; tales a menudo se convierten en grandes filántropos. Seres muy desarrollados bien dijeron: "A quien mucho se le da, mucho se le pedirá". Necesitamos evaluar constantemente en qué estamos gastando nuestra energía. Nuestra forma de vida no solo influye en nuestro entorno inmediato, cambiándolo para bien o para mal, sino que también muestra a los mentores de la humanidad si estamos aprendiendo algunas lecciones por nosotros mismos y si estamos listos para asumir aún más responsabilidad.

Por lo tanto, muchos buscadores espirituales prefieren

vivir modestamente y sin pretensiones y consideran digno cualquier entorno que va desde el ascetismo hasta la modesta prosperidad. Después de todo, la verdadera belleza es simple y discreta. Esto de ninguna manera significa una especial nobleza de la pobreza. ¡Debemos esforzarnos por ser los dueños de nuestras vidas y no ser esclavos ni del dinero ni de la pobreza! La clave aquí, nuevamente, es la capacidad de distinguir y el sentido de la proporción al establecer prioridades.

Individualización Del Libre Albedrío

Ya hemos dicho que la cualidad distintiva del reino humanoes el libre albedrío. En el reino animal, hay un alma grupal para cada especie animal y, por lo tanto, el comportamiento de los representantes de una especie es bastante similar y típico. Los humanos somos completamente impredecibles, al menos hasta que nuestra personalidad se completa y luego se alinea y se fusiona con el Alma. Deberíamos invitar al Alma a entrar en nosotros y aprender a seguir su guía. Hasta que llegue ese momento, cosecharemos las recompensas de nuestra incapacidad para usar el libre albedrío, experimentar dolor y sufrimiento, continuar tomando decisiones destructivas una y otra vez, hasta que finalmente nos demos cuenta de que nadie debería perder en la vida. Y será mucho mejor si actúan con sabiduría y se esfuerzan en grupo, es decir, manifiestan las cualidades del Alma.

Se requiere libre albedrío en las primeras etapas de la experiencia humana para construir una fuerte personalidad individualizada. Despuéspara integrar los componentes de la personalidad (físico, emocional, mental). Y luego, para alinear toda la personalidad con el Alma. Convertirse en una personalidad completa y alineada, demostrando las cualidades del Alma: ¡ésta es la meta de una persona en la etapa actual de evolución! Todo esto es necesario para adquirir las cualidades únicas que más tarde nos permitirán cumplir nuestro papel especial en el Plan Divino. Si una persona está en contacto con su Alma, entonces ya la percibimos como una personalidad integral.

En la sección anterior, hablamos sobre el ciclo de vida

humano típico como un reflejo del ciclo de vida más amplio del reino humano en el camino de la evolución. Desde un punto de vista global, es interesante observar cómo los estados y otras instituciones públicas suelen seguir el mismo modelo de ciclo de vida que una persona. Por ejemplo, los estados jóvenes (o estados dirigidos por líderes espiritualmente subdesarrollados) generalmente se comportan como jóvenes: les apasiona la fuerza física (militar), la "belleza" (apariencia) y la acumulación de juguetes (producto nacional bruto). En cambio, los países desarrollados suelen valorar más la sabiduría, el arte y la verdadera belleza. En otras palabras, para ellos, el lado cualitativo de la vida está en primer lugar, y no el cuantitativo.

Parece que ahora sería apropiado dar definiciones más claras y amplias de la "personalidad" individual, así como de "Alma" y "Espíritu". En el lenguaje de la ciencia espiritual, la "personalidad" se define como los tres cuerpos inferiores de una persona, o cuatro si el cuerpo etérico se considera separado del resto.físico; los otros dos son el cuerpo emocional (el cuerpo de deseos, cuerpo astral) y el cuerpo mental. Ya hemos hablado de los "niveles" o "planos" del ser, pero necesitamos volver a este tema de vez en cuando para seguir adelante. Por supuesto, sabemos bien lo que es nuestro cuerpo físico, y quizás damos por hecho todo lo relacionado con su actividad vital. De hecho, la Vida es provista por la presencia de un cuerpo etérico o energético (a veces llamado vital, es decir, "vida"). Cuando nuestro cuerpo energético se desconecta, significa muerte (física). (En la siguiente sección, hablaremos en detalle sobre nuestro cuerpo energético).

Cuando dormimos o estamos inconscientes, se mantiene la conexión con los cuerpos superiores, pero no necesariamente penetran en el cuerpo físico. De hecho, la "vida" en el plano físico es decadencia (y esto se puede ver al mirar una planta marchita o un animal muerto), ya que se descompone en sus partes constituyentes para convertirse en otra cosa. Por supuesto, esta función es muy importante en su nivel, pero juega un papel secundario cuando el cuerpo está ocupado con la Vida.En otras palabras, nuestro cuerpo físico no es más que un traje en el que nos conviene recibir nuestras lecciones, pero no es eterno y cuando nos gastamos el "traje", debemos deshacernos de él en la mayor medida posible. forma higiénica. Esta es una de las razones por las que la cremación se está convirtiendo cada vez más en una parte de la conciencia humana y se recurre a ella cada vez con más frecuencia: la cremación purifica y libera energías para nuevos usos, de lo contrario, se descompondrían y contaminarían gradualmente el medio ambiente.

Por tanto, tiene mucho más sentido la cremación que ladesperdiciando energía y materiales valiosos en un cadáver ya inútil.Es muy importante comprender que la forma en que vivimos ahora determina cómo será nuestro cuerpo en la próxima vida (y esta es otra razón por la que debemos seguir la guía del Alma). De hecho, por nuestras acciones creamos todos futuroconductores (cuerpos) para la próxima encarnación de su personalidad, incluyendo astral y mental. Nuestras emociones y deseos son bien conocidos por nosotros, pero también debemos ser conscientes de que existen en un "espacio" especial, vasto y potencialmente peligroso: en el plano astral.

El peligro está relacionado con el hecho de que en sus niveles inferiores, en el "mundo astral", se ocultan los miedos colectivos, la ira y el odio de la humanidad: las semillas de la violencia. Desafortunadamente, muchas personas pasan la mayor parte de su tiempo en el plano astral. Por eso, es muy importante "calmar las aguas" de nuestras emociones y desarrollar el autocontrol. Y entonces tendremos una "superficie" reflectante clara en la que se pueden imprimir energías espirituales superiores.

Los maestros de la humanidad siempre han usado el simbolismo del agua cuando daban sus instrucciones en el plano astral (emocional); por lo tanto, al considerar las cualidades del agua (líquido), puede aprender mucho al respecto. Cuando las vibraciones del agua disminuyen, se vuelve dura y fría (hielo); cuando las vibraciones son demasiado altas, se convierte en vapor (transición a niveles más altos). El agua "gota a gota desgasta la piedra"; disuelve los minerales. De la misma manera, los reinos superiores (mental y espiritual) destruyen y consumen a los inferiores (físico y astral).

Todos nuestros deseos y emociones provocan la secreción de diversos fluidos: la anticipación se asocia con la liberación de sudor o saliva, la alegría y la tristeza - con lágrimas, el miedo intenso - con la micción, la excitación sexual - con la liberación de los secretos sexuales correspondientes. Cuando nos enfermamos, nuestro cuerpo también libera líquidos de diferentes maneras y en diferentes lugares. Esta conexión se refleja inconscientemente en nuestro vocabulario: experimentando emociones fuertes, "hervimos", "congelamos", "fundimos", "derramamos sentimientos", etc. Ya hemos dicho que el universo es nuestro maestro. ¡Por lo tanto, en todo lo que necesita para buscar conformidad!

Un gran maestro de Oriente dijo: "Para deshacerte del sufrimiento, primero deshazte de los deseos". Poco a poco conquistando tus anhelos definitivamente sentiremos como nuestro sufrimiento disminuye y nos volvemos más felices. Ya hemos hablado (y seguiremos hablando) de lo importante que es no apegarse a nada. Ahora pasemos al cuerpo mental de una persona. La mente inferior o concreta es esa parte de nuestra mente que prefiere desarmar todo y analizar. Se enorgullece de su lógica y, como se mencionó en la sección anterior del libro, se le llama el "asesino de lo real" porque no ve la imagen completa del universo. (Esta es la prerrogativa del Alma.)

Las ilusiones de la mente son mucho más insidiosas que las ilusiones del plano de las emociones y los deseos, e igualmente excitantes. Aquellas personas que pasan por la etapa de polarización en el nivel más bajo del plano mental, están convencidas de que no existe nada más que lo físico, y que la vida increíblemente compleja -y en general todo el universo manifestado- surgió como resultado de una serie de azares. eventos. Tal pensamiento se basa en la creencia en absurdos tales como: "si se permite que un número suficientemente grande de monos jueguen con una máquina de escribir, al menos uno de ellos, tarde o temprano, accidentalmente "tropieza" con una obra literaria genial".

El pensamiento concreto ha llevado a algunas personas bastante inteligentes a la ilusión de que todo nuestro planeta, con su asombrosamente hermoso y complejo, autosuficiente,¡La vida automejoradora, autorreguladora e incluso autoconsciente apareció por casualidad, de acuerdo con las leyes de la probabilidad! Si ofendí a alguno de los lectores, pido disculpas. Pero tales creencias son el resultado de un pensamiento limitado y es hora de desafiarlas.Es hora de que la humanidad despierte; Es hora de que la gente empiece a pensar realmente, a hacer y a resolver preguntas difíciles, y no simplemente a confiar en las suposiciones erróneas de otra persona. Como se mencionó anteriormente, la ilusión más grande y peligrosa de la mente concreta es la ilusión de la separación. La mente superior sabe que todo ¡Unido! Pero todos tenemos que seguir nuestro propio camino para liberarnos de las ataduras del plano astral y su "encanto" emocional. Incluso esta información es suficiente para comprender fácilmente por qué nuestros pequeños seres nos dan a nosotros, así como a todos los miembros del reino humano, tantos problemas.

La naturaleza humana es tal que todos estamos enfocados solo en nosotros mismos, solo nos interesa el "yo, mí, lo mío", solo nuestro propio cuerpo físico con sus apetitos, solo nuestros deseos, que invariablemente nos llevan a un callejón sin salida, y nuestro mente muy limitada, ocupada principalmente en sus propias ilusiones. (Ahora no estamos hablando de la mente abstracta o superior, que es parte de nuestro ser espiritual).Todo el tiempo, a lo largo de muchas vidas, el Alma observa y da instrucciones a la personalidad, que continúa mejorando, hasta que, finalmente, se hace evidente que la personalidad se ha desarrollado bien. El alma sabe que ahora la persona tiene que construir un puente de arcoíris que conectará la personalidad con el "yo" espiritual superior (que siempre ha existido en sus propios planos).

Pero aquí hay un problema: la personalidad ama todas las cosas tal como son; está satisfecha con la situación, le gusta mandar y no va a ceder su poder.Curiosamente, en las Enseñanzas de la Sabiduría, la personalidad humana (en este punto de la evolución) es llamada el "Guardián del Umbral": después de todo, quiere mantener su control y nos impide alcanzar y conectarnos con nuestro superior o espiritual. , "YO". Esta es la principal causa de todo el sufrimiento humano. inferior, el "yo" mundano resiste constantemente la guía del Alma para la penetración de su energía. En última instancia, todo el conflicto se reduce a la resistencia de la materia al Espíritu (y todavía somos en gran medida materia). Su resultado es el dolor, que ocurre inmediatamente o más tarde, porque "lo que siembras, así cosechas" (en algunas tradiciones esto se llama "karma"). No hace falta mucha imaginación para imaginar cómo cambiaría el mundo si la mayoría de la gente no se centrara en su propia personalidad, sino en tu cuerpo espiritual. ¡Incluso ahora, en presencia de una persona cuya personalidad está "impregnada" con el Alma, uno siente paz interior, luz y un gran deseo de hacer el bien!

Esa fue una descripción simplificada de la persona. ¿Y qué es el "yo" espiritual superior?Nuestra tríada espiritual, o cuerpos espirituales, existe en los planos (en "esferas") de los tres atributos Divinos que ya hemos mencionado: Voluntad Divina, Amor-Sabiduría, Razón Superior (abstracta). Forman la Santísima Trinidad, o los tres Rayos de Aspecto a partir de los siete Divinos Rayos Cósmicos de Energía. Es difícil de explicar y comprender verdaderamente, porque nuestros componentes espirituales son todavía efímeros porque los alimentamos muy poco. Pero todos tenemos momentos a veces cuando nos elevamos a las alturas de hermosos pensamientos, creatividad, sabiduría, amor puro y vemos un atisbo de nuestro verdadero potencial.

Ahora nuestro planeta y sistema solar está pasando por un largo período de crecimiento, y la cualidad más importante que la humanidad necesita desarrollar es la cualidad del Segundo Rayo - Amor. Nuestro Dios es el Dios del Amor. En el ciclo de vida anterior de nuestro sistema solar, nuestro Dios era (principalmente) el Dios de la mente y la actividad. Esta es la secuencia del desarrollo espiritual: primero ganamos inteligencia y luego Amor (y podemos amar inteligentemente). Ahora tenemos tanta inteligencia (sin amor) que se nos echa encima todo problema imaginable. Todavía nos cuesta entender el Amor a nivel espiritual. Lo que consideramos amor es principalmente amor por nosotros mismos o por nuestros semejantes. Apenas comenzamos a adquirir la cualidad de la que hablaban los maestros de la humanidad: amor por los que están lejos, amor por los enemigos. Detengámonos en este punto importante con más detalle.

Lo primero que me viene a la mente es: ¿cómo puedo amar a alguien que no me gusta o que ni siquiera conozco? Esta es toda la diferencia entre personalidad y nuestro "Yo" Divino superior. De paso, notamos que en la etapa actual del desarrollo humano, nuestro "yo" espiritual está representado por el Alma. Pero al final, incluso el Alma ya no será necesaria para nosotros: ascenderemos al reino mismo del Espíritu Santo. Ya hemos dicho que otro problema es nuestro lenguaje moderno. Es fácil entender por qué gran parte de la sabiduría escrita del mundo se basa en idiomas antiguos: ellos (el sánscrito en particular) tienen palabras y expresiones que expresan realidades espirituales con mucha más precisión. Las traducciones de las Sagradas Escrituras a los idiomas occidentales modernos a menudo se corrompen, y tenemos que tomar prestadas palabras de otros idiomas para poder expresar mejor las verdades profundas.

Pero volvamos al Amor y tratemos de entenderlo. Comencemos con palabras como "compasión" y "simpatía". El significado más alto y el significado más sutil de palabras como "intuición""mente pura", "comprensión", "pureza", "integridad", "cuidado", "verdad", "simpatía", "coraje", "iluminación", "gracia", "favor" ayudarán a revelar mejor el significado del verdadero amor espiritual. Es algo muy alejado de una personalidad de "amor" sentimental, egoísta y relacionada con el sexo. Tan pronto como comencemos a ver a otras personas como realmente son, es decir, seres, como nosotros, transitando el camino de la evolución (conscientemente o no), sus rasgos se volverán más claros para nosotros. Cuando me veo a mí mismo y a la mayoría de la humanidad como los niños en el camino espiritual que realmente somos, se vuelve mucho más fácil para mí comprender a los demás (ya mí mismo); entonces brota el amor para todo y para todos. Se abre una perspectiva más alta y empiezas a darte cuenta de lo que es el Amor espiritual sin condiciones. Que'

Demonio

Hablando del Amor, también se debe mencionar su ausencia, eso que llamamos mal. El bien y el mal no están determinados por leyes arbitrarias, enviadas a nosotros por alguna deidad incomprensible. Lo bueno es lo que resulta ser el mayor bien para la mayoría de las personas; el mal es lo que causa daño y sufrimiento. Todo parece tan simple; pero seguimos haciéndonos daño a nosotros mismos y a los demás.

En términos de energía espiritual, el Amor y la Luz son dos aspectos de la deidad, y lo opuesto al Amor es el miedo. Por eso, cuando la luz del Amor se oscurece, aparece la sombra del miedo. Si dejamos entrar la Luz, entonces el miedo se convertirá en Amor. Si no hacemos esto y permitimos que la sombra se convierta en oscuridad, entonces en el plano astral el miedo se convertirá en odio, y en el plano físico se convertirá en violencia. Se establece un círculo vicioso: el miedo engendra odio, que conduce a la violencia, que engendra miedo, y la bola de nieve crece y crece. Así funciona el mal: ¡todo empieza por el miedo!

¡Cada vez que alguien siembra miedo, todo esto juega a favor de las fuerzas oscuras! No se trata de esas justificadas grandes y pequeñas angustias que son inevitables en nuestro camino humano. Pueden ser tratados de una manera sabia e ilustrada. Necesitamos enfatizar nuevamente: a nivel de la materia, todo parece estar separado. La materia, por otro lado, tiene correspondencias en los niveles inferiores de todos los planos (astral, mental, etc.), porque estos niveles, en esencia, representan las energías más groseras y pesadas de los planos correspondientes. Entonces, cuando los niveles inferiores del plano emocional o mental están involucrados (y a menudo lo están), nos percibimos como separados de los demás y, en este caso, surge fácilmente una sombra de miedo.

Esencialmente, todo mal proviene de la ilusión de separación y su eco, la ilusión de carencia.El universo es abundante pero nosotros los humanos creamos nuestra propia desventaja por nuestra codicia, ignorancia y estupidez. Y empezamos a creer que podemos hacer algo para nuestro propio beneficio, aunque duela. daños a terceros. Habiendo pasado por esta etapa y dándonos cuenta de que todos somos parte de una gran Unidad, realmente comenzamos a "hacer con los demás lo que nos gustaría que hicieran con nosotros", porque si somos parte de Dios, o del Universo, entonces los demás somos nosotros y comemos! Sentimos esta conexión incluso a nivel personal cuando pasamos a sentimientos superiores, como la paternidad o el romance. Debemos entender que en los niveles más altos somos parte del Universo y estamos conectados con todo lo que existe en él. En estos niveles, todos los componentes de la Vida planetaria están interconectados, y está directamente conectado con la Vida solar, que es una parte integral de la Vida Cósmica (o Dios). Esto explica por qué los Seres Divinos se identifican con Todo lo que es, y por qué el Alma se manifiesta en verdadera compasión a nivel humano.

La simpatía es la correspondencia más baja de la "Identidad Divina". Una vez que entendamos esto, habrá un final para las guerras, el crimen, y ya no lastimaremos intencionalmente a otras personas. Entonces seguiremos verdaderamente la regla de oro y comenzaremos a tratar a los demás como queremos que nos traten a nosotros. Somos una humanidad, un planeta, un sistema solar, un cosmos, y todo esto es parte de una Vida. Por lo tanto, la humanidad, cuando finalmente se una y se ilumine, hará de la Tierra un planeta sagrado. Si pudiéramos ver el cuadro completo, ver el alcance total de la evolución humana, ver cómo finalmente aprendemos las lecciones necesarias y, al crecer, no nos hacemos más daño a nosotros mismos ni a los demás, entonces el mal y el sufrimiento ocuparían el lugar que les corresponde en nuestra vida. esta imagen.

¡El dolor y el sufrimiento, tal como los experimentamos, son condiciones temporales! Y el nacimiento de un niño generalmente se asocia con molestias temporales y es difícil cuidar a un bebé. Pero, cuando los niños crecen, todos los momentos desagradables se olvidan y la comunicación con ellos trae alegría. Necesitamos entender que todos somos "hijos de Dios" y, habiendo vivido innumerables vidas, saldremos de la etapa inicial de ignorancia; habiendo experimentado dolor como resultado de malas acciones, eventualmente dirigiremos nuestras energías a buenas acciones. A medida que crece nuestra conciencia, creamos karma más positivo en lugar de dañarnos a nosotros mismos.

El mal prevalece en el mundo principalmente debido a los pensamientos y acciones de las personas en dos niveles. En un nivel, el astral inferior, sucumbimos a la inercia de la materia, somos seducidos por el lado sensual de las cosas y la vida material y queremos tenerlos para siempre. Este es el resultado de la estupidez y la ignorancia (se podría decir "pecado de omisión"). Se puede superar comprometiendo nuestra mente superior y nuestra "voluntad" y haciendo lo que sabemos que es correcto, elevando la energía de la materia a un nivel superior, sin permitir que la materia burda nos arrastre hacia abajo.

En otro nivel, el nivel mental inferior, existen formas de pensamiento creadas por aquellos que deliberadamente apoyan a las fuerzas oscuras y tratan de impedir la iluminación de las personas. Aquí reina el "pecado de permitir". Estas energías son alimentadas por quienes aman el poder y se dejan seducir por la ilusión de la importancia de su persona. Tales personas, enfocadas en la mentalidad inferior, son más peligrosas. Las fuerzas del mal utilizan a tales personas para fomentar las guerras, porque las personas buenas están involucradas involuntariamente en las guerras, que se ven obligadas a matar y destruir, protegiéndose a sí mismas.

Lo que sembramos es lo que cosechamos. ¡No bromees con Dios! Aquellos que obstruyen la Luz y el Amor, aunque sólo sea en sus pensamientos, inmediatamente dejarían de hacerlo, si supieran qué cadena de eventos provocan y que todo esto se volverá contra ellos. Después de todo, las energías del mal pueden nacer incluso a nivel subconsciente, y necesitamos controlar nuestros pensamientos, porque nos pueden llevar lejos. A menudo se puede escuchar la pregunta: si hay un Dios o Seres superiores, ¿por qué no interfieren en lo que está sucediendo y no previenen el mal? Esta pregunta en sí misma refleja una falta de comprensión del diseño y el propósito de la evolución y el papel que tenemos que desempeñar en ella.

¡La erradicación del mal es la tarea principal del reino humano! Necesitamos recordar que la materia es (relativamente) una sustancia no iluminada. Y el mal en las dimensiones humanas surge de la falta de Amor y Luz. Y, aunque todavía estamos en esa etapa que se puede llamar "pre-divina", en, por así decirlo, en vísperas de nuestro destino Divino, en primer lugar, somos nosotros, el pueblo, quienes jugar un papel clave en la erradicación del mal. Nuestro propósito (humano) es traer Luz: se combina con la materia y crea todas las manifestaciones del Amor. ¡El mal es derrotado sólo por la Ilustración! En otras palabras, todos fuimos creados como parte del Plan Divino y, junto con todos los demás componentes de nuestro universo, estamos destinados a ser co-creadores. Esta es una de las razones por las que nuestro reino existe. ¿De qué otra manera creceríamos si nunca nos enfrentáramos a una elección y si alguien más hiciera el trabajo por nosotros? ¡No estamos aquí para dar un paseo!

Recalquemos nuevamente: nosotros, el reino humano, como todos los demás reinos, estamos destinados a elevar la conciencia de la materia; levantarlo y así liberarlo, y no permitir que la materia nos tire hacia abajo y no nos detenga. Para ello, es muy importante abrir su Corazón (centro cardíaco o chakra). Esto es necesario para nosotros -para toda la humanidad- y para todos los demás reinos que componen la Vida planetaria. En algún nivel de nuestro ser, todos sabemos que el mundo tal como se nos presenta habitualmente no es una realidad, ¡y que muchos de los valores de nuestra sociedad son valores falsos! Por ejemplo, imagine cuán diferente sería el mundo si honráramos y cultiváramos el altruismo en lugar de la codicia.

Tenga en cuenta que la codicia se propaga en todas partes de manera abierta, agresiva y abierta, mientras que el altruismo solo se habla.¿Qué pasaría si los modelos a admirar y emular fueran altruistas, personas compasivas que realmente hacen el bien? Pero vivimos en un mundo donde las personas infantiles con los valores más bajos, que se entregan a sus caprichos toda la vida, son consideradas "prósperas" solo porque han obtenido dinero o poder temporal del sistema y lo usan para auto-engrandecimiento. Llegará el día en que la humanidad alcanzará un estado más maduro en el camino de la evolución y nuestra sociedad será lo suficientemente sabia como para corregir por completo este engaño.

En resumen, la iluminación humana se obtiene a través de: la meditación, que al principio puede tomar la forma de contemplación orante: nos abrimos a la percepción de las influencias celestiales superiores. El estudio sincero y constante es el estudio de las verdades superiores en todas sus manifestaciones. Actitud ante la vida como un servicio en beneficio de todo el planeta.

Meditación, estudio, servicio¡Este triple Camino nos permite comenzar a sentir la increíble realidad nosotros mismos, en la que se abren para nosotros dimensiones superiores de existencia!Y no sólo están abiertos, sino que nos animamos en todos los sentidos a entrar para poder participar en ellos y aportar nuestra contribución. Es interesante que en las enseñanzas esotéricas superiores se dice que lo que percibimos como Amor es el reflejo inferior de la Ley del Magnetismo, la Ley Universal, que mantiene en sus órbitas hasta a los planetas y sistemas solares.

Al comienzo de la sección, dimos ejemplos de cómo nos sentimos atraídos por el pasado; ahora estamos hablando de la atracción del Cosmos; una persona pensante tiene algo en qué pensar. Hasta ahora he intentado instalar los siguientes requisitos previos importantes:

El universo consta de numerosos niveles, grados y unidades de energía, cada uno de los cuales tiene su propia conciencia. Todos ellos son percibidos como materia, vida y espacio. En nuestro nivel (humano) de desarrollo espiritual, nuestra propia vida, entorno y cada experiencia de vida es nuestro maestro. La raíz de todo mal está en el apego a lo material y en la ilusión de separación. Somos "Alma" y "Personalidad". El "yo" que se aferra al pasado se enfoca sólo en sí mismo y se extiende hacia la materia. El alma, o nuestro "yo" adulto, se dirige hacia adelante, hacia afuera y hacia arriba; se ocupa del bien del todo y del crecimiento de la conciencia de los niveles más bajos y más burdos (materia).

En esencia, cualquier conflicto es un conflicto entre el Alma y la personalidad. Por lo tanto, el dolor surge principalmente como resultado de la fricción causada por la resistencia de la personalidad al llamado del Alma. Lo que nos parecen crisis en nuestra vida personal son en realidad manifestaciones de crisis espirituales. Todo lo anterior puede considerarse una introducción a la vida espiritual para el buscador sincero.

Centros De Energía, Planos, Cuerpos

Escena: sala de estar. Mujer joven sentada en una silla y leyendo un libro. El padre entra en la habitación.

Padre: ¿Hola, cómo estás? ¿Qué estás haciendo?

Hija: Estoy leyendo un libro maravilloso sobre los chakras.

Padre: ¿Otra vez? ¡Escuchar! ¡Sabes en tu corazón que todo esto es una tontería! ¡Quítatelo todo de la cabeza! Estos son sus gurús, o lo que sean, ya están sentados en mi hígado. ¡Les daría una patada en el culo! Lo sé, sé lo que vas a decir. Que soy un materialista de mente estrecha.

Cortina.

Aquí tienes de nuevo: El Yo Superior sabe lo que la personalidad rechaza.Incluso las personas que han sido inducidas a no creer en la existencia de cuerpos espirituales y centros de energías superiores, en la comunicación cotidiana mencionan inconscientemente los chakras principales (o secundarios). ¡Cómo puede ser esto! ¿Por qué elegimos con tanta frecuencia permanecer ciegos (es decir, el "tercer ojo")? ¿Por qué seguimos durmiendo cuando solo necesitamos uno: despertar y ver la verdad a tu alrededor? ¿Cómo puedes negarlo? En todos los idiomas del mundo, la palabra "corazón" se asocia con las cualidades de amor puro, compasión, simpatía, altruismo, coraje, etc. Las cualidades que ahora se están introduciendo en la conciencia de la humanidad ("Dios es Amor "). ¡Cualidades que la humanidad necesita tan desesperadamente! Y eso es sólo el chakra del corazón. ¿Qué pasa con los otros siete (otra vez ese número) campos de energía principales que nos dan energía a los humanos?

Pero detente. En primer lugar, es mejor detenerse con más detalle en el cuerpo energético (etérico o vital), que ya se ha mencionado. El hecho es que los centros de energía (o chakras) no existen en la materia física de nuestro cuerpo, sino en los cuerpos de energía que lo penetran. Cabe señalar que la materia etérea es de hecho física, pero tan sutil que la humanidad ni siquiera tiene instrumentos para detectarla, a excepción de alguna parte del espectro electromagnético (esto incluye algunas auras etéreas que pueden capturarse utilizando un método fotográfico especial, y creo, lo que se llama "campo morfogenético"). Como estos centros de energía no existen en el cuerpo físico, sino en los cuerpos etéricos (y superiores), debe entenderse que sus nombres, que se refieren a los órganos físicos (corazón, garganta, plexo solar, etc.), son sólo aproximados indican su ubicación y relación con determinadas funciones corporales.

La sustancia etérea no solo penetra en todas partes, sino que también conecta todo con el Todo. A través de los campos etéreos, los humanos estamos "conectados" con toda la vida en el planeta, incluida la Vida Planetaria misma. Y la Vida Planetaria, a través de esta energía, se conecta con el sistema solar y la Vida Solar. Ya hemos hablado de esto: gracias a estas conexiones de energía sutil, somos parte de Dios. Entendiendo esto, es más fácil percibir el universo como un holograma y darse cuenta de que todo está contenido en Todo. Aprendiendo sobre la energía etérea o vital, sobre su omnipresencia y que es la verdadera vida en el plano físico, comenzamos a comprender mejor todo el universo y nos damos cuenta de que lo que sentimos físicamente es solo una sombra de lo que es real. Existe Podríamos hablar más sobre este importante aspecto de la realidad, pero debemos volver a los principales centros de energía.

Antes de que veamos los siete centros principales (todavía hay secundarios), es importante enfatizar que en el cuerpo humano, el diafragma separa simbólicamente los cuatro centros de energía superiores o espirituales de los tres inferiores o personales. Es muy importante recordar esto, porque a medida que crece nuestra conciencia, nuestras energías "inferiores" se transforman y transmiten. "supremo". De hecho, estamos construyendo un puente, un "puente arcoíris" (llamado antahkarana en sánscrito) entre nuestra personalidad y el Alma, para ayudar en este proceso. Y ahora hablemos con más detalle sobre los siete principales centros de energía. Vamos a enumerarlos de arriba a abajo:

Chakra De La Corona

El campo de energía de la corona ("coronando" la cabeza y todo el cuerpo) parece encarnar la corona de todos los logros humanos en el camino espiritual. A través de él, así como a través del corazón, estamos directamente conectados con el Espíritu Divino universal. Al representar a seres despiertos, los artistas espiritualmente sensibles a menudo dibujan un halo alrededor de sus cabezas o un halo sobre la parte superior de sus cabezas. A veces inconscientemente tratamos de reproducir este centro coronario en el plano físico, para crear su sustituto. Es por eso que, a lo largo de la historia, los gobernantes de todos los países del mundo se "coronaron", en vano (y en vano) creyendo que esto les agrega sabiduría y superioridad. En este sentido, son más sabias aquellas tribus primitivas, en las que el solicitante de un tocado especial, que juega un papel importante en los rituales,

Chakra Del Tercer Ojo

Es el ojo que mira hacia adentro el cual, a medida que nuestra conciencia evoluciona y entramos en contacto conEl alma despierta y se convierte en el llamado "centro Ajna". Todo el conocimiento, toda la información ya está "aquí". En la Enseñanza esto se llama una "nube de cosas cognoscibles". (Ver, por ejemplo, "Tratado sobre Magia

Blanca", original p. 456, refiriéndose a Patanjali - aparentemente, "Yoga Sutras", 4:29). Y podemos tocar este enorme depósito de conocimiento (¡y lo hacemos!) más y más a medida que nos iluminamos. En esta etapa de la evolución de la conciencia, este centro todavía está poco desarrollado en la mayoría de las personas. Pero todo cambia cuando nos familiarizamos con el proceso de visualización y comenzamos a usarlo para crear conscientemente en el nivel de la materia etérea y mental. Como resultado, el chakra del "tercer ojo" comienza a actuar y obtenemos más y más inspiración.

La humanidad aún es poco consciente del enorme poder de la imaginación inspirada (es decir, espiritualizada). Al activar la imaginación superior (que no debe confundirse con el mero soñar despierto), nos abrimos a la inspiración. Entonces debemos aprovechar esta inspiración, fortalecerla y energizarla a través de la habilidad desarrollada para visualizar, y comenzar el proceso creativo de construir formas de pensamiento de gran potencial. Así comenzamos a crear en una realidad superior, como lo hicimos antes. a través de nuestros deseos carnales - en materia astral. Y esto es sólo el principio. Todos los brillantes creadores del pasado y del presente, en cualquier ámbito en el que apliquen su fuerza, tienen algo en común: una imaginación desarrollada y espiritualizada.

Lo que cambia a continuación es que a medida que crece nuestra conciencia, la glándula pineal y la glándula pituitaria comenzarán a interactuar gradualmente, como resultado de lo cual se revelarán nuestras habilidades intuitivas latentes. ¿Cuánto cambiaría la humanidad si usáramos la razón pura, o¡"conocimiento directo" (que ya existe en los planos superiores)! En todo momento, los seres iluminados han demostrado esta habilidad. Cuando la intuición de las personas esté lo suficientemente desarrollada, ya no podremos engañarnos unos a otros, como hacemos a menudo ahora, porque veremos a través de las mentiras. Es importante no confundir la intuición con el "psiquismo inferior". Este último se basa en el centro del plexo solar y se enfoca principalmente en el plano astral. Para una persona desarrollada, Ajna ("tercer ojo") se convierte en el "ojo del Alma", su "ventana al mundo".

Chakra De La Garganta

interesante porque es el centro de energía de nuestra creatividad superior. Este centro espiritual trabaja en mayor o menor grado para todas las personas talentosas del arte: artistas, escultores, arquitectos, músicos, etc.Con el tiempo, este centro, como todos los demás chakras, se abrirá (o obtendrá suficiente energía) para todos nosotros, si hacemos los esfuerzos necesarios para expandir y hacer crecer nuestra conciencia. Al mismo tiempo, la energía del chakra sacro, o centro sexual, que ahora se utiliza para la reproducción (y de hecho, más para el entretenimiento), se transformará y subirá al chakra de la garganta.

Incluso desde un punto de vista fisiológico, existen algunas correspondencias entre la garganta y los órganos reproductivos, más precisamente, entre las amígdalas (amígdalas) y las glándulas sexuales, o gónadas. Si cree que esto suena ridículo, piense en algunas enfermedades, como las paperas, por ejemplo, que afectan tanto las amígdalas como los testículos o los ovarios. La ciencia no puede explicar completamente el papel de las amígdalas en el cuerpo (supongo que esto es un asunto para el futuro). El daño a los canales seminíferos en los hombres afecta directamente a las cuerdas vocales y la voz cambia.

He aquí otro ejemplo: he oído que algunos discapacitados mentaleslos jóvenes tienen habilidades excepcionales en alguna área de las artes. Pero al llegar a la edad de la pubertad, pierden su don (lo reemplaza la atracción sexual). ¡Otra vez hay una conexión entre las formas sacra y laríngea de la creación!Curiosamente, los animales, a diferencia de los humanos, no son capaces de dar besos apasionados en las relaciones sexuales. (Sin mencionar los placeres del sexo oral.)

Chakra Del Corazón

Aunque ya hemos dicho algo sobre el centro del corazón, ahora es muy importante darse cuenta de que la humanidad necesita desarrollarsecualidades de Amor-Sabiduría en este, nuestro actual sistema solar. La razón es esta: ahora vivimos en un sistema solar de segundo rayo, y uno de sus propósitos principales es imprimir esta cualidad Divina en la humanidad. Esto es cierto, porque todas las enseñanzas religiosas del mundo dicen que nuestro "Dios" es el Dios del Amor. Estando en el aura o campo de energía de este gran Ser, iremos absorbiendo gradualmente estas cualidades espirituales del Corazón Divino (a pesar de que las personas son muy resistentes a todas las energías nuevas y desconocidas). ¡Qué tiempo tan maravilloso será cuando esto suceda!

Uno puede imaginar cómo cambiarían nuestras vidas si

las personascomienzan a tratarse como les gustaría que los demás los trataran a ellos. Después de todo, el comportamiento antisocial y las guerras serían simplemente impensables.Quizás ha llegado el momento de señalar que a veces los nodos de energía de los chakras se comparan con pétalos de loto. Cuando los "pétalos" del Amor se abran en el centro de nuestro corazón, nos convertiremos en seres verdaderamente amorosos. Ya ahora, muchas personas tienen sus centros cardíacos abiertos, y pronto su número alcanzará una masa crítica. Verdaderamente se dijo: "Los mansos heredarán la tierra" (ver Sal. 36:11, Mat. 5:5).

Hasta ahora hemos hablado de los cuatro principales centros de energía,situados encima del diafragma, que se denominan centros espirituales. Ahora pasemos a tres centros importantes, que se encuentran a continuación. diafragma y asociado con la personalidad.

Chakra Del Plexo Solar

En el cuerpo físico, el plexo solar es como el "cerebro" de las vísceras. El chakra asociado con él gobierna nuestra vida emocional y nuestros deseos (pero no aspiraciones elevadas). Es aquí donde las personas menos desarrolladas espiritualmente se polarizan, y esas personas siguen siendo la mayoría entre nosotros. La energía de este centro se transforma gradualmente y asciende al centro del corazón.Si alguien se "traga" sus emociones en lugar de comprenderlas sabiamente y con amor, esto suele causar problemas estomacales o digestivos, como una úlcera. Cuando alguien nos abruma emocionalmente, decimos que "no podemos digerir" a esas personas. Decimos de algo gracioso: "se puede desgarrar el estómago": la risa es también una reacción del centro plexo solar.

El Chakra Sacro.

Ya lo mencionamos cuando hablamos del chakra de la garganta. Este es el centro sexual (reproductivo), que está asociado con la autoestima y los instintos controlados.

Chakra Raíz:

este centro, ubicado en la base de la columna vertebral, está asociado con el metabolismo, con muchas funciones del cuerpo: digestión, circulación sanguínea, excreción, etc., desdedel que depende nuestra salud física. La excreción de desechos gruesos (sólidos o líquidos) por parte de los órganos correspondientes se puede comparar con la forma en que la materia gruesa es empujada hacia abajo en todos los planos (y las buenas energías se elevan). El discurso de muchas personas que están más enfocadas en sus dos chakras inferiores está repleto de referencias inconscientes a estos centros. Las palabras "obscenas" se refieren casi exclusivamente a los órganos físicos correspondientes a los chakras inferiores. Las palabrotas más ofensivas están relacionadas con los genitales o los órganos excretores. Es interesante notar que son aquellos que están más "centrados" en sus centros inferiores quienes los tratan con el mayor desprecio.

Cabe señalar que hay dos chakras (o doble chakra) asociados con el bazo, y también se considera un importante centro de energía. (Hablaremos del bazo más tarde).Existe alguna conexión entre los chakras y los planos de conciencia: el chakra del corazón corresponde al nivel de Amor-Sabiduría (búdico); coronal se correlaciona con el más alto plan Divino; el chakra del "tercer ojo" — con el plan causal (el plan del Alma); los chakras plexo solar y sacro, respectivamente, con el mental inferior y el astral. Aunque todos los rayos afectan a todos los chakras hasta cierto punto, algunos chakras resuenan más con ciertos rayos en cualquier etapa particular de la evolución.

Y hablando de chakras, el reino humano es el único reino físico que camina y se mantiene erguido (algunas especies de aves, que están más orientadas hacia el reino dévico, no cuentan). La razón es que nuestros centros superiores deben estar colocados verticalmente. Esto no fue hasta que a cada persona se le dio su propia alma (que fue el comienzo del reino humano). En el reino animal, los centros de energía correspondientes están ubicados horizontalmente, porque los animales estudian principalmente"movimiento horizontal". Por lo tanto, no pueden elevar su conciencia más alto. Nuestra "movilidad" se dirige hacia arriba, hacia la conciencia superior.

Es por eso que se nos enseña a meditar sentados erguidos: esta postura nos alinea simbólicamente (en particular, nuestra columna vertebral y los principales centros de energía) con nuestro ser superior.Las energías superiores también se encuentran en la base de la columna vertebral. Esta energía potencial se llama kundalini y se habla mucho de ella en las enseñanzas espirituales. Si vivimos correctamente, en Amor y Sabiduría, esta fuerza surge naturalmente y activa nuestros centros de energía espiritual en la secuencia y combinación correctas. Si este proceso se coordina con la adecuada expansión de la conciencia, no hay de qué preocuparse. Pero es importante saber que no se puede bromear con kundalini: es una fuerza poderosa, y si se libera incorrectamente, las consecuencias pueden ser las más tristes, ¡hasta la combustión humana espontánea!

Además de la columna vertebral ubicada verticalmente (y los chakras) y el individuoAlmas, cada persona tiene una tercera característica única: esta es la laringe, gracias a la cual puede hablar. La laringe nos permite expresar nuestros pensamientos, comunicarnos y crear a lo grande. Como ya se mencionó, el sonido tiene un poder creativo (y destructivo) mucho mayor de lo que ahora se cree comúnmente. Pero nuevamente quiero recordarles el bien (o el daño) que nos infligimos a nosotros mismos, estando bajo la influencia de un sonido armonioso (o, en consecuencia, inarmónico). El ruido áspero es perjudicial para nosotros, la verdadera música es buena, ya sea una creación humana o los sonidos naturales de la naturaleza.

En el pasado, la gente sabía mucho más sobre el poder de esta energía, y el uso de la energía del sonido les permitió erigir enormes estructuras de piedra (muchas de las cuales han sobrevivido hasta el día de hoy), que, incluso con nuestras capacidades técnicas actuales, asombran. a nosotros. Todavía tenemos mucho que aprender sobre las civilizaciones antiguas, y entonces nuestras ideas sobre sus habilidades insignificantes se desvanecerán como el humo. Pero, como de costumbre, la gente hizo un mal uso de este conocimiento y se permitió que el conocimiento se olvidara gradualmente.Creemos que el sonido es ruido. Pero debemos recordar que hay ondas sonoras que una persona no puede oír. Las fortalezas y capacidades de este sector del espectro energético ya se están utilizando, por ejemplo, en medicina.

El sonido es algo opuesto a la luz (o, quizás, su reflejo inferior). El sonido viaja bien a través de la materia densa y no puede viajar en el vacío, mientras que la luz viaja mejor en el espacio "vacío" y no viaja a través de la mayoría de los materiales sólidos. El hecho de que algunas personas a veces puedan ver el sonido o escuchar los colores confirma la existencia de cierta correspondencia entre estos dos tipos de energía. Alma individual, disposición vertical de chakras y laringe (una herramienta del habla): eso es lo que ayudó a una persona a dar un paso más allá del reino animal y, al final, alcanzar el nivel de civilización y cultura (y no en absoluto el pulgar extendido y otras supuestas ventajas físicas de las que hablan los científicos).

Ahora la gente se está iluminando más y pronto aprenderemos aún más sobre los chakras o centros de energía. Incluso ahora, cuando alguien o algo nos hace experimentar sentimientos fuertes, la localización y la naturaleza de las sensaciones en el cuerpo - en el pecho, en el estómago, en la ingle - acerca de muchas cosas.hablar con una persona comprensiva. Estas son las reacciones de nuestros chakras. Sé consciente de ellos. Y, dado que vivimos en un universo energético, debemos pensar en términos de la espiral ascendente y desenrolladora de la vida y la ley de la correspondencia. Esto significa que el crecimiento físico y espiritual de las personas, así como de los representantes de otros reinos, así como de los seres superiores, depende de los centros de energía. Al comprender esto, empezamos a darnos cuenta de por qué y cómo somos parte de Dios, o del universo pensante.

El reino humano no solo se está convirtiendo en el sistema nervioso físico de todo nuestro planeta. Desarrolla la cosa y la convierte en el centro de energía ("garganta") de la Vida planetaria. Y los planetas (más precisamente, su superior"cuerpos") son los centros de energía de la Vida solar. (La mayoría de los planetas no están "muertos". Por el contrario, en muchos de ellos la Vida existe a un nivel mucho más alto que el nuestro). Los sistemas solares son los centros de energía de las constelaciones como Seres Vivos, y así sucesivamente, hasta llegar a todo el Cosmos. (visible e invisible), que es también un Ser, llamado en las religiones "Dios". Entonces resulta que en realidad somos creados "a imagen y semejanza" de Dios. Hablando del cuerpo energéticohombre y sus centros, vale la pena señalar que muchas culturas del mundo los conocen desde hace mucho tiempo, y no solo son reconocidos, sino que también trabajan con ellos. Por eso la medicina oriental, que se ocupa del cuerpo energético, sus chakras, meridianos y puntos energéticos especiales, cura enfermedades incomprensibles para los médicos occidentales (el pensamiento se limita a los niveles inferiores del plano físico).

Habiendo adquirido cierta comprensión de nuestros cuerpos energéticos, ya podemos explicar por qué las personas a veces continúan sintiéndosepartes amputadas del cuerpo: porque la parte correspondiente del cuerpo vital todavía está "en su lugar". Otro ejemplo: cuando la circulación de la sangre en alguna parte del cuerpo se interrumpe y luego se restablece, sentimos dolorosas sensaciones de hormigueo, esto devuelve nuestro cuerpo etérico a su estado normal. Nos contraemos cuando dormimos cuando el contacto con nuestro cuerpo vital se corta repentinamente por completo. Lo que llamamos "shock" o "desmayo" ocurre cuando el cuerpo etérico se separa del cuerpo físico. Esta es una medida de protección para que las personas (y los animales también) no sufran lesiones excesivas cuando estén amenazadas de muerte o sufran un dolor intenso. Perdiendo el conocimiento o desmayándonos, podemos morir (o quizás no), pero para nosotros no será tan doloroso.

En el futuro, cuando la humanidad se vuelva más sabia y adquiera más conocimientosobre el plano etérico y el cuerpo vital, lo que ahora parece imposible,se volverá habitual. Será posible restaurar (volver a crecer) partes dañadas del cuerpo y órganos. Pero debemos ser realistas: hay buenas razones por las que (físicamente) tarde o temprano no nos importa "desgastarnos" y "morir". A medida que comprendamos más acerca de la naturaleza de los campos de energía etérica, podremos comprender cómo funcionan en otros reinos. Podremos explicar por qué los animales que son mejores para percibir los campos de energía pueden anticipar terremotos, migrar largas distancias sin ningún entrenamiento previo, encontrar el camino a casa sin error y sentir "espíritus" (que son campos de energía). La vida del reino vegetal también está estrechamente relacionada con el flujo y reflujo de las energías etéricas, por lo que es tan importante plantar plantas en el momento adecuado.

Pero volvamos a la información sobre el cuerpo energético vital (o etéreo) de una persona. Al igual que nuestros otros cuerpos (emocional, mental y espiritual), también se encuentra en "niveles" o "subplanos", de los cuales hay siete en total. En el plano de la energía etérica, los tres subplanos inferiores (sólido, líquido y gaseoso) forman lo que llamamos "materia". En otras palabras, todo lo que percibimos como nuestro mundo físico. Los siguientes dos subplanos, ubicados arriba, están conectados con la energía vital que nutre los cuerpos orgánicos de todos los seres vivos. Y, finalmente, dos cuerpos superiores forman una esfera que está conectada con la energía "de arriba" (fuentes planetarias y solares) y atrae esta energía "hacia abajo". Muchos creen que el llamado "rango electromagnético" es un subplano (o subplanos) del plano etérico.

Al comienzo de su descenso, la luz del Sol penetra a través de los niveles etéricos (superiores) como una onda, descendiendo a los niveles más densos, se convierte en partículas subatómicas, luego en átomos, luego, cuando los átomos se combinan en moléculas, lo que se considera al ser materia se forma. Sobre elEn cada etapa, la luz se vuelve "más pesada" y pierde su libertad. Entonces la molécula inerte comienza su ascenso a través de los reinos de la naturaleza (células, órganos, plantas, animales, personas, etc.), recuperando cada vez más su libertad, y finalmente se convierte nuevamente en un ser libre de Luz. ¡Del sol al alma! La "materia" o energía más sutil de cada uno de nuestros "cuerpos" energéticos asciende a su subplano superior, donde su esencia se abstrae en una "memoria" permanente o registro de estos cuerpos energéticos, en el llamado "Átomo permanente". Los Átomos Permanentes de todos nuestros cuerpos están ubicados en los subplanos superiores y permanecen con nosotros durante muchas vidas. Estas son las "semillas" o correspondencias superiores de nuestros genes, y sobre su base se construyen "cuerpos" en cada nueva encarnación.

Muchas personas en el llamado (e innecesariamente) mundo desarrollado tienen mala salud y padecen enfermedades porque no nos damos cuenta de lo importante que es ser conscientes de estas energías y entender cómo nos afectan. No solo el aire fresco, la exposición al sol, el ejercicio, la nutrición adecuada (especialmente frutas, verduras, cereales, nueces, etc.) tienen un efecto beneficioso sobre nuestro cuerpo energético. Dado que todos nuestros cuerpos son, de hecho, energéticos, nuestros pensamientos, sentimientos y acciones también tienen un impacto. Y los campos de energía más amplios en los que vivimos (físico, mental y emocional) también nos afectan, para bien o para mal.La gente a menudo ha notado que la salud y la belleza interior contribuyen a externo salud y Belleza. Lo contrario es, por supuesto, igual de cierto.

La energía vital (también llamada "prana") ingresa al cuerpo humano en gran medida a través del bazo y el campo de energía asociado con él. A medida que crecemos espiritualmente (nuestra conciencia crece), todos nuestros cuerpos energéticos nos conectarán con sus respectivos subplanos o reinos superiores, y nuestro verdadero poder aumentará proporcionalmente.Por supuesto, esto es solo una imagen general y muy simplificada. Lo que es especialmente importante: nuestro cuerpo necesita ser limpiado periódicamente, y debemos agradecer estas limpiezas, darlas por sentadas y no tratar de suprimir las molestias físicas. Escucha a tu cuerpo y actúa con él. No luche contra él, solo empeorará el problema. Llegará el momento en que el presente aparecerá en nuestra sociedad. "salud", y luego comenzaremos a encontrar la integridad nuevamente.

El ritual también puede jugar un papel importante en la salud de nuestro cuerpo vital. Es por eso que los Seres superiores imprimieron oraciones, himnos y otras ceremonias en nuestra conciencia religiosa. Por lo tanto, en Occidente ahoracada vez más comprometidos con la meditación, la recitación de mantras y la práctica del yoga. Si se hace correctamente, esto redunda en beneficio de nuestros cuerpos superiores. Cuando nuestro cuerpo físico es herido, la huella queda en el cuerpo etérico penetrándolo. Por lo tanto, quedan cicatrices, arrugas, etc., aunque las células de nuestro cuerpo se renuevan constantemente. Las marcas de nacimiento (e incluso algunos "defectos de nacimiento") a menudo se asocian con daños físicos severos sufridos en una vida pasada. Están impresos en nuestro cuerpo vital y son transportados por nuestro átomo etérico permanente, que permanece con nosotros durante muchas encarnaciones en la Tierra (aunque los "defectos" generalmente se "curan" en una o más vidas).

Todos los planos, astral, mental y espiritual, contienen un registro permanente de la Vida y todos los eventos. Nuestro "Ángel Solar" y otros Seres Superiores tienen acceso a estas "crónicas".Hablando de cicatrices y arrugas, si aceptamos que las huellas dactilares son únicas, y los científicos creen que pueden determinar una predisposición a ciertas enfermedades, ¿por qué muchos niegan que las líneas de la palma, con las que nacemos y que también son únicas, puedan hacer cualquier cosa? ? entonces significa? Piénselo: ¿por qué un bebé recién nacido tendría arrugas en las manos? Las líneas de la palma pueden decirnos algo sobre nosotros mismos. Hay razones para todo.

A medida que nos abrimos a la Luz, comenzamos a comprender que todo es parte de la energía interconectada de la Vida mayor. Las líneas de la mano, la forma de la cabeza y mucho más en nuestra apariencia, como la carta natal astrológica, puede decir mucho a una persona comprensiva. Al examinar lo que hay detrás de estos patrones de energía, encontramos que hay muchas y variadas pistas disponibles para ayudarnos a comprender el significado de la vida. Si desea conocer las correspondencias de color, la gama de subplanos etéreos va desde el lila pálido hasta el violeta oscuro (casi hasta el ultravioleta). Curiosamente, el violeta está asociado con el Séptimo Rayo de Organización y Ritual (Ritmo). Este Rayo de energía ahora está comenzando a tener su impacto en la humanidad, y la resonancia entre las energías del Séptimo Rayo y las energías etéricas abrirá nuevas posibilidades para mejorar la vitalidad de nuestro cuerpo etérico.

Durante los últimos cien años, la exposición al séptimo rayo ha hecho muchos descubrimientos en relación con la electricidad. Pero esto no es comparable a lo que será (y bastante pronto) aprender sobre lo que llamamos electricidad y energías electromagnéticas. En última instancia, todo se compone de aspectos de esta energía (electricidad). Hablando de nuestros cuerpos energéticos, se debe mencionar un fenómeno, sobre cuál argumentan y que a veces se malinterpreta: estamos hablando de cuerpos. Como ya se mencionó, a medida que se desarrolla la conciencia, también mejora el "vehículo" o contenedor físico de una persona que contiene la conciencia; elevando y expandiendo nuestra conciencia, constantemente estamos construyendo y mejorando nuestros "guías". En cuanto a nuestros vehículos (cuerpos) "superiores", los construimos a partir de una "sustancia" superior, a partir de los deseos, a partir de una sustancia mental o espiritual. Recuerda que estos cuerpos, como los reinos que habitan, son aún más reales y duraderos que los físicos. Pero hablemos ahora del físico.

Primero, imaginemos una vez más el cuadro completo: de hecho, somos el Espíritu que ha descendido y parcialmente "encerrado" en un cuerpo de energía más burda, es decir, como comúnmente se le llama, materia. Es más correcto decir que el punto de conciencia superior (o espiritual) está encerrado en el cuerpo de conciencia inferior (material). Repitamos lo dicho en el apartado anterior: nuestro Espíritu surgió como "chispa de Dios", o nuestro más altoEsencia monádica o Vida. Este rayo de divinidad descendió, penetrando en la sustancia cada vez más densa (y en las esferas correspondientes), hasta alcanzar la sustancia más densa: la materia. A su vez, durante miles de millones de años, esta parte de la materia se extendió hacia arriba y, habiendo pasado por los reinos de los minerales, las plantas y los animales, finalmente se conectó con el representante del Espíritu, es decir, con lo que llamamos "Alma". ¡Y así nació el hombre!

A pesar de su importancia, este es solo un paso en un proceso interminable. Es importante entender que la raza, la nacionalidad, el género y la convivencia en nosotros"chispa de la deidad" es esencialmente cosas diferentes: una es mortal, transitoria, y la otra es eterna. En algunas tradiciones, son representados por un demonio (ser terrenal) y un ángel (ser celestial) sentados sobre nuestros hombros. La interacción de nuestro Espíritu superior con la "materia" inferior de los conductores de nuestra personalidad da lugar al tercero: un sentido del yo, la conciencia, la idea de "Yo Soy". Todos lo experimentamos y lo expresamos. Volviendo a las razas: se sabe que la ciencia las ha definido principalmente por parámetros físicos. La Ciencia Espiritual, como siempre, profundiza mucho más. Estamos viviendo en la quinta de las siete (otra vez ese número) razas raíz en esta ola de vida humana, y cada raza raíz está formada por (adivinen cuántas) subrazas.

Las dos primeras razas raíz no descendieron completamente al nivel de la materia y, por lo tanto, no dejaron rastros físicos. La Tercera Raza Raíz fue la primera raza que existió en cuerpos físicos y que se enseñó en el plano físico. El chakra raíz era el principal en ese momento. Pero incluso entonces, con los primeros destellos de la Luz, apareció el germen de un ser pensante individualizado, ¡y comenzó la humanidad! Tas personas de la cuarta raza estaban más polarizadas en el cuerpo astral, o cuerpo del deseo, desarrollaron gradualmente la capacidad de pensar emocionalmente y con ello la capacidad de expresar sus pensamientos a través del habla. En ese momento se desarrollaron los chakras del sacro y del plexo solar. Se puede decir que se han desarrollado demasiado, porque la gente a veces caía en excesos sexuales y otros vicios que superaban incluso Actual. Debido a estas tendencias degeneradas, la mayoría de nuestros ancestros de la cuarta raza raíz fueron finalmente destruidos enserie de cataclismos. Esto se cuenta en los mitos y escrituras de todas las culturas del mundo, aunque simplificados para la gente de épocas pasadas. También hay mucha evidencia física de una inundación global, aunque muchas de ellas aún no se han descubierto en el futuro.

El principal logro de la quinta raza raíz (actual) es el mayor desarrollo de la mente concreta. Nuevamente, un desarrollo un tanto redundante, con énfasis en la tecnología, la ciencia y el pensamiento lógico. Aunque esta fase es importante y necesaria en la evolución de la conciencia humana, es solo un peldaño en la interminable escalera de la jerarquía cósmica de la iluminación, e incluso uno de los primeros peldaños, pero, por supuesto, no el principal ni el último. , como algunas personas piensan. Pero incluso aquellos que están enfocados en una mente en particular pasarán a niveles más altos cuando esta etapa haya hecho el trabajo necesario.

Tenemos un destino mucho más glorioso digno de las aspiraciones más ardientes. Las que en la ciencia esotérica se denominan "subrazas" de razas raíces (y "ramas" de subrazas) son, en algunos casos, "razas" antropológicas. Para evitar malentendidos que ya han causado grandes sufrimientos en el mundo, es importante resaltar los siguientes puntos: Primero, cuando las ciencias naturales hablan de razas, lo que generalmente se entiende es el cuerpo físico, y no el Alma, como ya se ha dicho.

En segundo lugar, todas las razas descienden genéticamente de razas anteriores (con algo de ayuda desde arriba, de lo que hablaremos en breve). Por lo tanto, no hay razas absolutamente nuevas o puras. Por lo tanto, no hay ninguna razón física o espiritual por la que las personas de diferentes razas no puedan casarse y tener hijos. Pero hay muchas razones diferentes por las que las personas pueden hacer esto, y una de las más importantes es proporcionar material genético para nuevas razas. En tercer lugar, no hay razas "malas" o "buenas". Cada cierto tiempo aparecen nuevos cuerpos raciales que dotan al Alma de másvehículos adecuados y refinados para aprender las próximas lecciones destinadas a nosotros, y las viejas "formas" más toscas mueren. Hay muchos ejemplos en antropología. Además, se crean nuevos cuerpos raciales teniendo en cuenta el clima cambiante de la Tierra. Como todo lo que conforma la Vida planetaria está en constante perfeccionamiento, y el planeta "acelera", es decir, eleva su vibración (su conciencia), no son sólo los cuerpos físicos de los hombres los que cambian, inevitablemente sucede en todos los reinos de la humanidad.

Naturaleza Sabemos que en el pasado distante, los cuerpos de los animales eran mucho más toscos,y con la llegada de otros vehículos más adecuados, las antiguas carrocerías desaparecieron gradualmente. Los científicos están tratando de encontrar la razón de la extinción de los dinosaurios. De hecho, los dinosaurios fueron "matados" por el hecho de que sus cuerpos se detuvieronconocer nuevas oportunidades de mejora. Su ola de vida ha pasado a cuerpos nuevos, más pequeños pero más eficientes. Lo mismo les ha sucedido a muchas otras especies animales (y eventualmente les sucederá también a los humanos). Cuarto, cualquier persona razonable debe entender que cada raza tiene algo que aprender de otras razas. Es hora de hablar de racismo. Básicamente, nace de una baja autoestima, que se traduce en un deseo de encontrar a alguien a quien menospreciar. Se sabe que las personas equilibradas con una autoestima saludable no se encuentran entre los partidarios de los extremistas y no sufren de paranoia. La vida es un espejo: quien calumnia a los demás expone sus propias debilidades. Las debilidades que no queremos notar en nosotros mismos, las proyectamos en los demás, ya sea la pereza, el robo, el engaño, la promiscuidad sexual u otros "pecados".

Y ahora llegamos al momento presente. ¿Qué pasa con las próximas carreras? Para responder a esta pregunta, debemos desviarnos un poco del tema y recordar el reino que ya he mencionado y que se llama el "reino de los devas" o ángeles. Este reino vasto y omnipresente está asociado con muchos malentendidos entre las personas. Trataré de dar mi propia interpretación extremadamente limitada (y probablemente algo errónea) de esta importante línea de evolución. Este reino, que normalmente no es percibido por los cinco sentidos de una persona (porque sus representantes habitan en reinos más sutiles), ha sido mencionado por muchos místicos, psíquicos y maestros espirituales a lo largo de la historia, y sus habitantes se mencionan en las escrituras religiosas de todo el mundo. el mundo. Mitos y leyendas hablan de algunos de estos seres, los menos desarrollados y los más variados, los espíritus de la naturaleza o elementales. Los seres más desarrollados a menudo se llaman ángeles.

En el nivel actual de la evolución humana, el reino de los devas y el reino de los humanos se consideran mundos paralelos en cierto sentido, aunque en el proceso de evolución los devas también deben pasar por la etapa del reino de los humanos para alcanzar niveles espirituales superiores. Por lo tanto, nuestra conciencia y la de ellos no son totalmente compatibles hasta que avancemos hacia los reinos espirituales superiores. Sin embargo, en ambos ámbitos hay aspectos que están profundamente entrelazados.

Dado que las corrientes de vida evolutivas de los devas y los humanos siguen un curso paralelo, tienen, hasta cierto punto, los mismos niveles de logro: lo que llamamos físico, astral, mental y espiritual. Los seres Dévicos constituyen la materia de estos planos y son sus constructores. En otras palabras, construyen a partir de su propia sustancia. Esto es más fácil de entender si piensas en ellos como energía. quiénes son, no qué hay de las formas que crean.Los devas inferiores o involutivos que habitan en los planos correspondientes a nuestro físico y astral (e incluso inferiores) son a menudo, como ya se mencionó, agrupados bajo el grupo "elemental". La imaginación nos atrae de inmediato a las brujas con sombreros puntiagudos con gatos negros y calderos hirviendo, pero aunque las personas a veces (con gran riesgo) intentan influir en estas entidades por motivos malvados o egoístas, los elementales no tienen el libre albedrío que tienen las personas. Pero están felices de trabajar, obedeciendo a sus propios mentores elevados y mentores espirituales de nuestra evolución planetaria. (¿Recuerdas: "Maestro de ángeles y personas"?)

El reino dévico es especialmente activo en el reino vegetal. Los espíritus de la naturaleza, de los que tanto se habla, no son fruto de la imaginación de nadie. Son responsables del progreso y el crecimiento en este ámbito (y lo encarnan).Cada elemento -fuego, agua, viento, etc.- tiene su propio espíritu. Estos elementales no tienen inteligencia en nuestro sentido, pero pueden ser bastante juguetones. ¿Te ha pasado alguna vez: estás sentado junto al fuego y el humo te alcanza, independientemente de la dirección del viento? Cambias de asiento, él te seguirá ... Las enseñanzas esotéricas dicen que los insectos y las aves están estrechamente asociados con este reino y, en algunos casos, actúan como intermediarios entre las dos corrientes evolutivas: los devas y las personas. (Es curioso que muchos de los "signos" se asocien a pájaros. Recordar también al Espíritu Santo en forma de paloma.)

¿Qué tiene que ver todo esto con el cuerpo racial del hombre? Como ya he dicho, periódicamente se introducen nuevas razas para proporcionar vehículos más perfectos para nuestra conciencia creciente. Algunos de los fenómenos inusuales que están sucediendo ahora pueden tener una relación directa con esto.

Ovni Y Devas

Todos hemos escuchado muchas veces sobre fenómenos inusuales que ocurren casi a diario. Aunque a menudo están atestiguados y documentados en detalle, la mayoría de la gente no tiene forma de creerlos. Me refiero al conocido fenómeno OVNI. De los pocos que no son reacios a al menos familiarizarse con la evidencia, la mayoría está convencida de que se trata de trucos de seres de otros planetas, que están muy lejos de nosotros. Es interesante notar que esta categoría de personas se puede dividir aproximadamente en dos grupos: algunos creen que los seres extraterrestres tienen buenas intenciones y quieren salvarhumanidad de la ignorancia y la autodestrucción, mientras que otros ven motivos más siniestros y egoístas en sus visitas. Volvemos a proyectar nuestra propia naturaleza y nuestros propios miedos en los demás. Pero me gustaría hacer una sugerencia diferente. Es decir, estos fenómenos son "obra" de los devas. Ahora el reino de los devas, o ángeles, está ayudando a desarrollar nuevos cuerpos raciales para la humanidad (como ha ayudado a lo largo de nuestra historia). Además, tienen otras misiones relacionadas con la evolución.

Para empezar, como ha establecido la ciencia ortodoxa, los cambios menores y las mejoras ocurren bajo la influencia demutaciones genéticas "naturales". La capacidad de mejorar gradualmente el cuerpo físico y otros cuerpos a medida que crecía la conciencia estaba "programada" desde el principio en cualquier vida. Pero, ¿no es posible admitir que para cambios esenciales, que los guías divinos de la raza humana reconocen periódicamente como necesarios, se requiere la ayuda de "extraños"? En algunas tradiciones religiosas, los habitantes de este reino paralelo a nosotros son llamados "ángeles". Pero, al final, este reino incluye tanto a los constructores como a la sustancia misma de nuestras capas físicas. ¿No es lógico que también participe en los cambios genéticos (de programa)?

La ciencia ortodoxa encuentra difícil explicar el rápido crecimiento de la civilización y la cultura en la era geológica actual. Sus teorías no pueden corroborar los saltos evolutivos en el desarrollo de la humanidad, y uno tiene que recurrir a hipotéticos "eslabones perdidos". Los modelos humanos "nuevos y mejorados" siempre aparecen "de repente", de forma relativamente inesperada. Y así no sólo ocurre con las razas humanas, sino también con los reinos vegetal y animal: "de repente" aparecen nuevas especies, y las antiguas mueren constantemente. En tiempos de grandes cambios (como ahora), cuando las nuevas energías zodiacales coinciden con las nuevas combinaciones de energías de los Rayos Cósmicos (ambas de gran influencia en la vida planetaria), es precisamente de esperar el surgimiento de nuevas formas de vida. Y si es así, ¿por qué no suponer que los famosos fenómenos de los "círculos de las cosechas" en el reino vegetal, las "mutilaciones de ganado" (y de hecho, la intervención quirúrgica incomprensible para nosotros) en el reino animal y los "experimentos genéticos con ovnis cautivos" en el reino humano - ¿son estas meras manifestaciones individuales de las numerosas transformaciones físicas que acompañan a los actuales cambios psicológicos y espirituales?

Ya se ha dicho que los cinco sentidos del hombre por lo general no pueden percibir el reino de los devas. Pero lo contrario no es cierto: en general, los devas saben de nosotros. Y algunos de ellos, bajo ciertas circunstancias, pueden incluso ralentizar sus vibraciones y pasar a nuestra dimensión. También pueden elevar nuestras vibraciones para que podamos superar nuestras limitaciones físicas. De esta manera podemos interactuar en una especie de "zona fronteriza" etérea.

Es interesante notar que los participantes en los "experimentos genéticos" asociados con los ovnis, aunque no lo deseen, se encuentran en estados alterados de conciencia: su conciencia atraviesa paredes, etc. (En otra dimensión, esto es, en hecho, un estado normal.) Aquí hay otro detalle curioso: dicen que la estructura de su cuerpo y especialmente los ojos de los "alienígenas" se asemejan a los insectos. Tales formas externas son más fáciles de adoptar para los devas que las más complejas, digamos, humanos, porque los insectos y las aves tienen una conexión más cercana con el reino dévico.Ahora hablemos de por qué estos "contactos" con ovnis se perciben como violencia.

Imagínese en el lugar de una persona que tuvo que soportar una experiencia tan traumática (especialmente si una persona no comprende el trasfondo evolutivo de esto). Y cuando tratas de hablar de tus experiencias, te dicen que o te engañaron, o te lo inventaste todo tú mismo, o -si lo creen- fuiste víctima de terribles criaturas de otro planeta. Naturalmente, recordará su experiencia con doble horror y repugnancia.Pero veamos todo esto desde un punto de vista diferente: si los humanos somos en cierto sentido "células" del cuerpo físico de Dios, y nuestros cuerpos físicos cambian (ya que encarnamos en miles de cuerpos durante miles de millones de años), lo que corresponde al cambio de células en el cuerpo de Dios, entonces ¿quizás no deberíamos estar tan completamente identificados con nuestros cuerpos? En cambio, debemos entender que son como ropa que nos ponemos por la mañana y nos quitamos por la noche, y que nuestros cuerpos ni siquiera nos pertenecen: nos son dados para un uso temporal. Y si es así, ¿no queremos que los cuerpos se mejoren constantemente? Este proceso puede y nos proporcionará caparazones mejores y más apropiados a medida que crece nuestra conciencia. Después de todo, tenemos un propósito superior al de existir.

Si creemos las numerosas historias de "secuestrados por extraterrestres" (descartando fabricaciones obvias) sobre los experimentos realizados con ellos y miramos todo esto en el contexto anterior, ¿no veremos más sentido común en estos eventos? Y, lo que es más importante, ¿no resultarán tener más sentido común que las teorías existentes? En otras palabras: ¿de qué otra manera se pueden llevar a cabo avances evolutivos a gran escala? Aunque la mayoría de las personas tienen una idea de los ángeles y devas a partir de las enseñanzas religiosas tradicionales, debemos recordar que estos conceptos se nos explican mayoritariamente en la niñez; en consecuencia, esta información está diseñada principalmente para la percepción de la mente inmadura de un niño, y se agrega mucho más "para la palabra roja". Por lo tanto, es importante enfatizar que otros reinos no existen en absoluto para satisfacer nuestras fantasías y deseos. Ellos, como nosotros, tienen sus deberes y su lugar en el esquema general de la evolución (su propio dharma, como se dice en la India). No tienen ninguna intención de hacernos daño. En un amplio panorama, son de gran ayuda para la humanidad.

Pero hay criaturas tanto humanas como no humanas que, por ignorancia o malicia, intentan interferir en su trabajo en beneficio de la evolución. De ello se deduce que al aprender más sobre el reino dévico y su papel en el Plan Divino, debemos comprender que los eventos en los que están involucrados no siempre son simples y pueden ser riesgosos. Por lo tanto, debemos tener cuidado de no interferir intencionalmente con el trabajo de los devas en ningún caso y de no tratar de usarlos con propósitos egoístas. Intentar manipular seres del reino de los devas es lo que se llama magia negra: ¡una ocupación extremadamente peligrosa! Pero hay personas que pueden comunicarse con los espíritus de la naturaleza con cuidado y respeto y, movidos por el amor y no por el egoísmo, pueden recibir instrucción de las energías dévicas del reino vegetal y cooperar hasta cierto punto con ellas.

Cuando aparece un nuevo universo, después de una larga "noche" de descanso, comienza con una manifestación sonora de materia (o Espíritu inferior), seguida de "Luz" (o Espíritu superior), gradualmente más profunda y penetrando más profundamente en la materia. Esto da como resultado que se cree conciencia en todos los niveles (en una esfera o reino); desciende, y así comienza el proceso de la Vida. El Todo comienza entonces el largo camino de regreso a la perfección (o la "Casa del Padre"; ver Juan 14:2). Innumerables universos, con innumerables galaxias, con innumerables sistemas solares que unen innumerables vidas cada vez más complejas, ¡y todo esto está en constante movimiento a lo largo de la espiral ascendente del pináculo brillante de la Vida! Y todo este tiempo nosotrosViviendo en un pequeño planeta, los Maestros Divinos enseñan los misterios de la energía en todos los niveles y cómo usarla correctamente en este teatro del ser. Gradualmente, cumplimos nuestro papel, iluminando nuestra parte de la oscuridad y, por lo tanto, asumiendo la responsabilidad de iluminarla más y más. ¡Hasta que no haya oscuridad en absoluto!

Así, después de miles de millones de años, todo llega a un equilibrio perfecto, a una armonía perfecta, a un clímax deslumbrante. Y todo esto está contenido en la Mente Cósmica perfecta.

\

La Escuela Terminó

Impotente, me siento en una silla cercana, las lágrimas rodando por mis mejillas. La vida la está dejando lentamente, y estoy completamente desesperado porque no hay nada que pueda hacer para ayudar. Ya no es joven, pero esta hermosa mujer sigue siendo tanPodría dar mucho a este mundo. ¡Qué injusto que la vida se acabe ahora mismo, cuando tanto se necesitan sus cualidades! Talentoso, compasivo, abnegado: ¡hay tan pocas personas así! Ella todavía viviría y viviría ...

Sigilosamente limpio mis lágrimas, aunque ¿de quién se avergonzaría? Está claro que todos en esta sala están experimentando los mismos sentimientos que yo. ¡Si pudiéramos hacer algo! Pero no se puede hacer nada y el telón sobre su vida se está bajando lentamente. Eso es vida. Esto es "muerte". ¡Solo la muerte no sucede! Las enseñanzas esotéricas dicen que nacemos en el plano físico según la Ley de Limitación, y "morimos" según la Ley de Liberación. Muy pronto volveremos a lo dicho en las Enseñanzas de Sabiduría sobre nuestro Regreso a Casa. Pero primero imagina que estamos en un teatro. Aunque sabemos que los actores están actuando en el escenario, la acción se ve muy creíble y experimentamos sentimientos reales. Pero la función termina y recordamos que nos espera una vida aún más real, nuestro mundo real. Comparado con el mundo del espectáculo, nuestro mundo tiene más dimensiones; sigue siendo mucho más interesante vivir en él que en el teatro, por muy emocionante que sea la puesta en escena. ¡Cuánto más real, interesante y animada será nuestra vida cuando regresemos del teatro del plano físico a nuestro verdadero Hogar, donde hay aún más dimensiones!

Veamos ahora qué tiene que decir nuestro establecimiento al respecto. No se nos ofrece una gran selección. Uno puede aceptar el dogma de la ciencia moderna de que la muerte destruye completamente la personalidad. O puede aceptar una de las enseñanzas religiosas sobre la vida después de la muerte: o le espera un servicio religioso interminable o un tormento eterno, el más terrible que una persona puede inventar. No es de extrañar que con tal perspectiva, muchas personas se aferren ferozmente a la vida. (Curiosamente, aquellos que se consideran los más devotos a menudo valoran la vida en el plano físico incluso más que aquellos que se llaman ateos).¡Debemos elevar nuestra conciencia y no dejarnos limitar por estos dogmas! Podemos aprovechar uno de los muchos regalos que ahora se le dan a la humanidad: la oportunidad de comprender profundamente la transición que erróneamente consideramos como "muerte".

Algo se puede aprender de la llamada "experiencia cercana a la muerte" (NDE). Tales casos están ampliamente descritos y generalmente reconocidos. ¿Qué respuestas dan a las preguntas eternas sobre la muerte: ¿Qué siente una persona cuando el alma deja el cuerpo? ¿Qué experimenta una persona cuando se separa de todo a lo que está acostumbrada?¿Y qué sucede después de que hacemos la transición? Presentaré mi propio entendimiento, basado en el análisis de la información disponible para la humanidad sobre el "otro lado". Todos aquellos que han experimentado la muerte clínica dicen que experimentaron un estado de alegría. Una vez que "cruzaron" y vieron la Luz (con la ayuda de los seres que habitan esos reinos), experimentaron tal dicha que no querían regresar. ¿Dónde está el miedo?

Las Enseñanzas de la Sabiduría Eterna confirman estas impresiones de los sobrevivientes de ECMy hablar sobre la gran sensación de liberación que experimentamos cuando ya no estamos agobiados por el cuerpo que nos ha estado limitando tanto. Detrás de este sentimiento de libertad viene la realización de amplias oportunidades para avanzar hacia la Luz y así fortalecer el propio crecimiento espiritual. Algunos podrían decir, bueno, ¿de qué sirve eso? El "crecimiento espiritual" no suena muy emocionante en comparación con las alegrías del plano físico. Pero ¿qué pasa con la diversión? ¿Y las fiestas? ¿Qué pasa con las aventuras? ¿Qué pasa con los placeres sensuales?Sí, en efecto, la "materia" nos proporciona alegrías temporales (sin embargo, dolores severos), y es la seducción de estas energías burdas lo que nos tienta a regresar al mundo físico, encarnando una y otra vez, hasta que, finalmente, lo superamos.

En casos excepcionales, los cuerpos astrales de aquellos que están demasiado absortos en los sentidos pueden incluso volverse "ligados a la tierra" después de dejar el cuerpo físico. Resistiendo la llamada de una vida superior, los remanentes de las energías astrales se revisten de sustancia etérea y se convierten en "espíritus". A veces incluso intentan apoderarse del cuerpo de una persona viva. Obviamente, si una persona está inmersa en las sensaciones del plano físico y el deseo del astral, aún no está lista para los goces profundos y eternos de una vida superior y más amplia. Por poner una analogía: si le pides a un niño que elija entre helado e ir al teatro o al concierto, la mayoría de los niños elegirán helado. Pero es mucho más probable que un adulto más desarrollado intelectualmente prefiera un evento cultural. Dado que la mayor parte de la humanidad se encuentra todavía en la etapa infantil del desarrollo de la conciencia, no es de extrañar que todavía optemos por volver a una vida despreocupada y frívola. Y así será hasta que finalmente aprendamos todas las lecciones necesarias que nos están preparadas en el plano físico. Ahí es cuando nosotros"Dejemos los juguetes a un lado" para siempre.

Ahora que el planeta está cada vez más iluminado, muchas personas aprovecharán la oportunidad para crecer y elegir la Vida sobre la vida.Todo lo anterior da razón suficiente para que los familiares no "mantengan" a la persona dejándolos. Después de todo, es obvio que, al llorar mucho a nuestros difuntos, no les proporcionamos un campo de energía favorable. ¿No sería mejor escoltarlos a un nuevo mundo enorme con alegría y buenas palabras de despedida? También debemos entender que la muerte del cuerpo físico y del cerebro es una gran bendición, especialmente para el reino humano. ¿Te imaginas lo lento que nos desarrollaríamos si viviéramos para siempre? Incluso en los "descansos" entre encarnaciones, muchos todavía anhelan lo familiar, y en la próxima vida, al tener nuevas oportunidades, usan su libre albedrío para volver a lo viejo. Otra gran bendición: no se nos da a conocer nuestro futuro. Lo que necesitamos saber lo obtenemos en sueños, visiones y señales, pero se nos permite determinar nuestro propio destino a través del libre albedrío.

Sigamos hablando de nuestra transición. Según los sobrevivientes de ECM, experimentamos la sensación de que toda nuestra vida pasada "pasa ante los ojos". No hay nada imposible en esto, como puede parecer a primera vista, porque nuestra comprensión del tiempo se basa en el concepto desarrollado por nuestro cerebro físico, que lo percibe como lineal, uniforme y unidireccional. A medida que dejemos el mundo físico y encontremos nuestro hogar en los reinos superiores (más finos), experimentaremos el "tiempo" de una manera muy diferente. Esto es lo que sucede en el estado de conciencia llamado "sueño": soñamos un sueño muy largo, y cuando miramos el reloj, resulta que dormimos solo un poco. También sucede al revés: nos parece que hemos dormido un poco, pero cuando nos despertamos nos encontramos con que hemos dormido muchas horas.

El sueño y los sueños pueden enseñarnos mucho sobre lo que llamamos muerte.

En el proceso descrito, es importante que revisemos nuestras vidas, volvamos a experimentar nuestras relaciones con otras personas en todos los niveles. En esos momentos, experimentamos felicidad o dolor, sentimientos que surgieron en aquellos con quienes nos comunicamos. Nos enfrentamos a todas las alegrías y tristezas que nosotros mismos causamos y, en consecuencia, sentimos lo mismo que otras personas alguna vez experimentaron con nosotros: nada escapa, no queda ningún secreto. Todo será recordado: dolores físicos, experiencias emocionales, tormentos mentales y todas las cosas buenas. Y también lo bueno, lo malo y lo feo.

Dado que el tiempo se siente diferente en este estado, a veces miramos nuestras vidas "al revés", y entonces es más fácil ver las causas de muchos eventos. Este proceso recuerda un poco al dogma del purgatorio. (Por lo tanto, dicho sea de paso, la Enseñanza de la Sabiduría recomienda que antes de dormir recordemos el día que vivimos y tratemos de corregir mentalmente todo lo que hemos hecho).Usted puede preguntar: ¿qué pasa con aquellos que sirven al mal, a las fuerzas oscuras? ¿Qué pasa con esos seres que se aferran a lo material, que prefieren quedarse en el reino sensual, declarando conscientemente la guerra a cualquier forma de iluminación y Amor? ¿Qué hay de aquellos que son responsables de atraer a personas espiritualmente débiles a guerras interminables, de incitar al odio, de alimentar la codicia, de la explotación? Dado que sus energías resuenan con los niveles más bajos y sucios del plano astral, van allí después de la muerte. Esta es una esfera de oscuridad en todos los sentidos de la palabra, una dimensión en la que no hay absolutamente nada de bondad, verdad, belleza. (Los humanos ayudamos a crear estos reinos inferiores con nuestros pensamientos y acciones más groseros mientras todavía estamos en la carne).

Este nivel inferior del más allá parecería un infierno para cualquier persona despierta. Solo los seres que no tienen absolutamente ninguna conexión con su propia Alma pueden entrar en ese entorno. Pero esas personas realmente existen, son fáciles de encontrar en las páginas de la historia y, a veces, entre nosotros. Algunos incluso se abren camino hacia el poder, y no solo están en el gobierno, sino también en los negocios e incluso en la religión, donde sea que se pueda lograr el objetivo de la división y el estancamiento.Baste decir que ascenderemos (o seremos atraídos) a tal nivel que resuena con nuestras acciones en la vida en el plano físico y, además, nos brinda la máxima oportunidad de aprender todas las lecciones necesarias. Todo está allí, desde la hermosa dicha hasta los terribles infiernos. De hecho, hay "muchas moradas" (ver Juan 14:2). Las personas que han dedicado su vida al servicio planetario, han aprendido a evaluar sus acciones de manera continua y a corregirlas adecuadamente, requieren solo un poco de experiencia de estar en un nivel inferior (astral), y rápidamente pasan a esferas superiores, más cercanas al Alma. . Para ellos, el tiempo que pasan en el "purgatorio" pasa rápidamente.

Luego hacemos la transición a las esferas, que en las diferentes religiones del mundo se llaman "cielo", "paraíso", devachán, etc.Durante nuestra estadía temporal en el cielo, se nos brindan mejores oportunidades y experiencias. Allí podemos desarrollar aún más las cualidades positivas que adquirimos en vidas anteriores. En el mundo "celestial", ya no estamos agobiados por las energías de los deseos y emociones burdas; fueron borradas durante nuestra estadía en el mundo astral. Ahora estamos separados de las fuerzas oscuras. Podemos usar todo lo que en un nivel superior corresponde a bibliotecas humanas, museos, universidades. Las esferas mentales superiores y aún superiores contienen todos los más valiosos conocimiento del mundo y lo mejor de la cultura.

El tiempo que se nos ha asignado pasará (aunque allí el tiempo no es lineal, pero¡todavía hay!) permanecer en un mundo superior, y nuestros deseos insatisfechos, el karma y las necesidades del Planeta nos atraerán a una nueva vida en la Tierra. Y luego volvemos a descender al plano astral y nos adaptamos nuevamente a las energías de este mundo, porque pronto tendremos una nueva encarnación y estaremos sujetos a su influencia. Cuando llega el momento de la "reencarnación" (nueva encarnación), nuestra Alma y los "Señores del Karma" eligen las energías del entorno y de la familia (de lo que es) más adecuadas para la siguiente etapa de nuestro crecimiento. Debo decir que debido a la ignorancia, la maldad, la superpoblación, muchos de los que regresan a nuestro mundo tienen perspectivas muy sombrías. Sin embargo, se nos da una situación (entorno) -nuevamente, de lo que está disponible en ese momento- que brindará las mejores oportunidades.

Si hablamos de mayor iluminación, entonces solo unas pocas de una gran cantidad de personas logran algo en cada vida, porque básicamente una persona pasa su próxima vida repitiendo el camino que ha recorrido, vuelve a aprender lo que ya ha comenzado a comprender. en vidas pasadas. Por lo tanto, se necesita mucho tiempo para, por así decirlo, "ganar velocidad". Y allí, nuestras cabezas generalmente ya están llenas de ideas de separación, porque las fuerzas oscuras quieren que nuestras mentes permanezcan cerradas. Mucha gente pasa la mayor parte de su vida satisfaciendo necesidades materiales y caprichos miserables, y ahí es donde ven el sentido de la vida. Por lo tanto, muchos de nosotros tenemos que vivir muchas vidas antes de embarcarnos finalmente en el camino del ascenso al espíritu y la conciencia, y para esto necesitamos mucha experiencia de vida. En diferentes vidas, se nos pueden dar diferentes rasgos de personalidad, determinado por un Haz particular; nacemos bajo diferentes signos del zodíaco, en diferentes nacionalidades, etc. Se nos dan los cuerpos más adecuados para el próximo curso de lecciones. El género también cambia periódicamente, por lo que en alguna vida puede haber un "fracaso" de orientación sexual, pero con el tiempo, tanto en un individuo como en el mundo, todo armoniza.

Cuando entendemos que una persona tiene muchas vidas, es fácil entender quepor qué los hijos de algunos padres son tan diferentes: un niño es tranquilo y el otro es ruidoso, alegre o engreído. Los rasgos genéticos recibidos de los padres solo contribuyen al cuerpo físico. La base de la personalidad se ha formado a lo largo de un número infinito de vidas (y seguirá formándose). Pero la personalidad también es transitoria. El Ser Primordial es transferido de una vida a otra por el Alma inmortal. Es importante recordar una verdad más: tenemos muchas vidas, y tarde o temprano experimentaremos (o al menos veremos de primera mano) casi toda la experiencia humana. Cada una de nuestras acciones, buenas o malas, proporciona una respuesta (karma). Por lo tanto, por todas las vidas que hemos vivido y aún vivimos, nosotros, aparentemente, causaremos a otros, y nosotros mismos experimentaremos todo lo que puede ser causado y experimentado. Como muchas de nuestras acciones fueron y son malas, vuelven a nosotros (¡karma!) y responden con experiencias muy desagradables. Pero en vidas posteriores, cuando tengamos la tentación de repetir los mismos errores, en algún nivel recordaremos cuánto dolor ya nos han causado a nosotros y a otros.

Así es como comenzamos a desarrollar el discernimiento que conduce a la sabiduría. Esta es una de las razones por las que un "alma joven" y un "alma vieja" se encuentran en la misma situación y toman decisiones diferentes.uno es incorrecto y el otro es correcto. Por supuesto, el karma "positivo" se acumula por las acciones correctas. El Universo nos enseña con tales métodos, y al final aprenderemos a actuar correctamente. Creo que cuando hagamos la transición y se nos abra una perspectiva más amplia, miraremos hacia atrás y la vida parecerá un día normal en la escuela, de los cuales hay muchos: suena la campana, y nos alegramos por un breve descanso. . Aquí me gustaría señalar que hay mucho que aprender pensando en este modelo de escuela. Es muy importante saber que este modelo, tan difundido últimamente, refleja bastante bien la Vida, aunque en un nivel inferior (de nuevo, la Ley de la Correspondencia). Y la educación pública y gratuita universal es un logro muy significativo en el crecimiento espiritual del reino humano. Por lo tanto, las fuerzas oscuras están tratando de interferir en esta institución de todas las formas posibles. ¡Todos los intentos de hacer que las personas permanezcan ignorantes y limitadas en sus puntos de vista y creencias están haciendo un favor a las fuerzas oscuras! Para expandir la conciencia y crecer espiritualmente, necesitamos un estudio continuo, y debe ser fomentado por todos los medios.

Comparando la vida con un día escolar, podemos continuar con la analogía: después de pasar muchos días (vidas) en la escuela, pasamos a la siguiente clase, o a un nivel superior. Recibimos una promoción, o "iniciación" espiritual (iniciación). Aunque todas las personas (en el panorama general de la Vida) tienen las mismas oportunidades de avanzar en el camino del Amor y la Luz, es fácil ver que las personas se encuentran en diferentes niveles en la escuela de la vida. Vemos que la mayoría de las personas todavía están, por así decirlo, en los "grados primarios". Hay varias razones para esto: no todos ingresaron al reino humano como individuos al mismo tiempo (como se mencionó anteriormente). Por lo tanto, aquellos que han estado "yendo a la escuela" durante más tiempo y, por lo tanto, adquirieron más experiencia de vida (y experiencia de vidas), se consideran "almas viejas", y pueden estar uno o dos pasos por delante. Otro factor muy importante es que algunas personas se esfuerzan más y aprovechan más oportunidades, por lo que (como en cualquier clase escolar) progresan más rápido. Y otros no se preocupan por estudiar, no ven sus capacidades y se atrasan. Insistamos de nuevo: es muy importante ayudarse unos a otros. ¡es para el beneficio de todos!

A través de la experiencia de vida (estudio) vamosde la ignorancia al conocimiento. Cuando se abre el chakra del corazón, combinamos el conocimiento con el amor y el discernimiento. Ahí es cuando comenzamos a ganar sabiduría.En las enseñanzas, esto se llama la transición del "Palacio de la Ignorancia" al "Palacio del Aprendizaje" y al "Palacio de la Sabiduría" (ver, por ejemplo: Alice Bailey, "Iniciación Humana y Solar", p. orig. diez) . Aquí me gustaría volver al "nuevo grupo de servidores del mundo" que mencioné antes. Es en esta etapa que dejamos de lastimar intencionalmente a los demás y comenzamos a ayudar a los demás conscientemente. Aquí es donde comienza el sentido de la responsabilidad. Es en esta etapa que nos convertimos en personas de buena voluntad, no tratando de "ganar" a los demás, sino esforzándonos para que todos ganen. Luego tenemos que pasar por la parte probatoria del Camino del Discipulado. El alma nos llama cada vez más a servir a las personas, y por ende a toda la Vida del planeta, de la cual formamos parte. También hay cambios en nuestras creencias, como discutimos en la sección anterior del libro. Llega el momento de los pensamientos y las búsquedas, y cuando nos abrimos y comenzamos a percibir nuevas ideas, la vieja ideología ya no nos satisface.

Esta etapa se llama "candidato": luchamos por el crecimiento espiritual, pero todavía nos falta la capacidad de discernir. Ojo: es fácil dejarse llevar por nuevas enseñanzas que suenan hermosas e impresionantes (pero pueden estar vacías), también es posible descreer de viejas creencias y "tirar al bebé al agua". Mantenga todo lo mejor, verdadero y hermoso de las viejas tradiciones. Y aprende a discernir. Al final, dejamos de ser aficionados y nos damos cuenta de que el trabajo espiritual es un trabajo serio, aunque alegre.

Con el tiempo, el plano físico y sus ilusiones ya no ejercen su influencia sobre nosotros y comenzamos a vencer la atracción de la materia. Comenzamos a enfocarnos en niveles más altos y controlar nuestros deseos físicos. Este primer paso es muy significativo e importante. Entonces es mucho más difícil aprender a no sucumbir al hechizo del astral y del mundo y establecer control sobre los deseos y emociones inferiores. Para hacer esto, necesitas volverte más razonable, y entonces aparecerá la Luz, que disipará las brumas del plano astral. Este es el segundo paso importante.

Entonces, cuando la mente inferior ha hecho su trabajo, también debe dejar de lado las ilusiones de superioridad y dar paso a la Luz superior del Alma, que nos conecta con nuestra Tríada Espiritual (que, les recuerdo, consiste en la Mente abstracta o Superior, el chakra del corazón Amor-Sabiduría y nuestra Divina Voluntad).¡Esta es la tercera etapa muy importante en nuestra evolución! Nuestra finalización exitosa de estos tres (y otros) grados de "escuela secundaria" son etapas de "iniciación espiritual". Ya se ha dicho que en innumerables encarnaciones nuestra conciencia crece hasta que finalmente estamos listos para "guardar nuestros juguetes" para siempre y comenzar a apreciar lo Real.

Habiendo alcanzado este importante punto en nuestra evolución espiritual, finalmente aprendemos todas las lecciones necesarias del plano físico, y ya no necesitamos regresar allí.Cuando la mayoría de la gente finalmente complete su experiencia de aprendizaje terrenal, nos convertiremos en Seres Espirituales. Y algunos "graduados" asumirán el papel de profesores. Debido a que no podemos ver a tales maestros con el ojo físico, muchos niegan su existencia. Pero, haciéndonos más sabios, sentimos su ayuda cada vez más. Y se están volviendo cada vez más reales para nosotros.

Los maestros de la escuela de la vida son los que ayudan a las personas, y ya hemos hablado de esto. En las tradiciones espirituales del mundo, se les llama de manera diferente:Hermandad de la Luz, Jerarquía Espiritual, Mentores, Maestros, etc. Son dirigidos por el Gran Maestro (Salvador, Avatar) de la humanidad. En diferentes religiones tiene sus propios nombres (títulos), pero es reconocido por todas las tradiciones espirituales. Pero incluso en las esferas superiores, todavía tendremos algo por lo que luchar y algo por lo que trabajar. Siempre tendremos acceso a una nueva expansión de Vida hasta que llegue ese lejano día en que el Cosmos se vuelva perfecto y completo. Ya se ha dicho el contenido principal del libro, pero hay que decir un secreto más. En nuestro tiempo, la humanidad tiene que aprender otro tipo de energía. La palabra más adecuada para ello en nuestro idioma es síntesis. En las Enseñanzas de la Sabiduría, este evento trascendental se describe como "la llegada del Avatar de Síntesis" (ver, por ejemplo: Alice Bailey,)"

No tenemos idea de cuán grande será el impacto de esta energía en la humanidad y en todas las formas de vida en la Tierra. Sabemos a la moda: esto conducirá a un crecimiento beneficioso de la conciencia de todos los componentes de la Vida planetaria.Aquellos que hayan leído las secciones anteriores de este libro probablemente

a) de acuerdo con mucho de lo dicho

b) Considerará que todo esto es, en general, una tontería.

De una forma u otra, soy plenamente consciente de que sólo el tiempo puede confirmar o refutar la visión del Cosmos que aquí se presenta. Pero encontrará, estoy seguro, que su vida y su experiencia no contradicen ninguna de las afirmaciones que he hecho. Al contrario: con ellos es posible no sólo vincular todo lo que sucede, sino también fundamentarlo mucho mejor que desde otras posiciones. Simplemente, ya no necesitamos intentar encajar barras redondas grandes en pequeñas ranuras cuadradas. Y para aquellos de ustedes que están listos para dejar de tratar de exprimir su realidad en sistemas de creencias limitados, permítanme recordar: cosmologíaLas "escuelas de misterio" nunca tuvieron la intención de reemplazar los credos o teorías científicas existentes. Esta Enseñanza está llamada a dar a las personas una "gran Verdad" en la que puedan unirse las más altas y puras de estas visiones del mundo.

Fundamentos Estos puntos de vista no se han dado a la humanidad en vano, y aún queda mucho por venir.

Mirando Hacia Atrás Desde El Futuro

Miremos ahora hacia atrás desde nuestro futuro hasta las dos primeras décadas del siglo XXI y el siglo XX anterior. Incluso puedes capturar otro par de siglos del último milenio, cuando empezamos a sentir la influencia de la Nueva Era venidera. Allí vemos un tiempo maravilloso de grandes descubrimientos y cambios significativos que ocurren solo al final de una era y al comienzo de otra. Este es un tiempo de transformación fundamental de todo el planeta. Sin embargo, estamos más interesados en el siglo XX. Vemos en él el Armagedón predicho en las escrituras y los mitos del mundo. Una guerra prolongada en tres etapas.

La primera etapa fue mayormente física - desnudoagresión agresiva. La segunda etapa, aún más física, afectó sin embargo al bajo astral: las ideologías del mal intentaron suprimir el creciente deseo de libertad y buena voluntad en todo el planeta. Afortunadamente, la tercera etapa se desarrolló principalmente en el plano astral y en los niveles inferiores del plano mental; se la llamó la "guerra fría". En los países pequeños, sin embargo, la guerra todavía se libró en el plano físico y estuvo acompañada de abundante derramamiento de sangre, es decir, definitivamente no fue "fría".

Solo después del año cuarenta y dos del siglo XX, las fuerzas oscuras finalmente comenzaron a debilitarse, pero pasaron más de cuarenta años antes de que cierto gran discípulo llegara a las palancas del poder mundial en 1985, bajo el cual el final de la última etapa de comenzó la guerra y la libertad y la bondad comenzaron a extenderse nuevamente. voluntad. Pero mientras las últimas llamas del fuego mundial se extinguían, nuevos focos de tensión comenzaron a arder en algunos lugares, principalmente en aquellos lugares donde gobernaba el dios del dinero.(Los creyentes en él tarde o temprano aprenderán cuán vulnerables e inconstantes son los falsos dioses).

Luego, de las cenizas del siglo que pasaba, apareció por primera vez la libertad en la mayor parte del mundo, y con ella más Luz.La gente interactuaba a tal ritmo y de tantas maneras que las fuerzas de separación no tenían tiempo de interferir con ellos. Las corporaciones multinacionales obligaron a las personas a trabajar juntas y hubo colaboración, al menos a nivel profesional. Aparecieron cada vez más grandes formaciones estatales, que coordinaron sus actividades con otras del mismo tipo (al principio, principalmente en las esferas de la economía y la seguridad global). Finalmente, quedó claro que la fuerza militar estaba perdiendo su importancia y el conocimiento y la información se volvieron cada vez más relevantes. Como resultado, más y más fuerzas comenzaron a enfocarse en el estudio de la Tierra y luego en el espacio cercano a la Tierra. (Aunque las fuerzas de la oscuridad seguirán apoyando la fuerza militar a expensas del conocimiento, el arte y la cultura.)

Al final del milenio, muchos esperaban que ocurriera algún tipo de cataclismo global o incluso el fin del mundo. Pero nada de eso sucedió, y cuando la tensión se calmó, esas mismas personas sintieron por primera vez la posibilidad de vivir en paz.Es difícil creer ahora que los humanos nos hemos causado tanto horror a nosotros mismos y a los demás. Pero las fuerzas de la oscuridad finalmente están "atadas", y ante nosotros se abre la oportunidad de entrar en una nueva era dorada. La Era de Piscis está siendo reemplazada por la Era de Acuario, y la cooperación grupal es reemplazada por el fanatismo individual. ¡Hay que aprovechar el momento! Estamos ante grandes cambios.

A medida que amanecía el siglo XXI, empezaron a suceder cosas asombrosas. Se ha observado que cada vez más organizaciones e incluso gobiernos están dirigidos por líderes ilustrados. Para cambiar"Líderes" miopes, limitados y miopes, surgió una nueva generación de personas que vieron una imagen más amplia del mundo y trabajaron no por sus propios intereses, sino por el bien común. Después de otro par de décadas, finalmente llegó la mayor bendición: el Instructor del Mundo "reapareció" para ayudar a salvar el planeta. Por supuesto, mucha gente todavía no reconoce la grandeza de este Ser, porque de ninguna manera es consecuente con sus prejuicios. Seguimos siendo esclavos de nuestros hábitos. Las personas limitadas que sostienen rígidos sistemas de creencias, resisten ferozmente la sabiduría que demuestra este gran salvador del mundo.

Se está estableciendo un liderazgo iluminado en todo el planeta. Se están manifestando nuevas energías colosales, tanto de fuentes planetarias superiores como de reinos extraterrestres, y finalmente estamos entrando en el milenio dorado. Durante todo el tiempo de la existencia de la humanidad en el planeta, tal era aún no ha sucedido.¿Será realmente así? Espera y verás.

La Gran Llamada

A mediados del siglo XX, se le dio a la humanidad una importante herramienta espiritual. Es conocida como la Gran Invocación. Su aplicación y comprensión es muy útil para el ascenso espiritual de una persona. En primer lugar, cabe señalar que las personas somos capaces de invocar las energías Divinas, las cuales (aunque muchas veces sean ignoradas) siempre están disponibles para nosotros. Con el advenimiento del Séptimo Rayo de ritual, ritmo y organización, la ciencia de la invocación -y esto es precisamente ciencia- entrará cada vez más en la conciencia de la gente, porque la invocación correcta es exactamente lo que es un ritual rítmico y organizado.

Cuando la oración, la meditación, el himno, etc., se usan como invocación y se hacen esfuerzos sinceros, por la ley de resonancia evocan una respuesta en niveles superiores. Cuanta más gente use una llamada y más a menudo se haga, más poderosa y efectiva se vuelve debido al efecto acumulativo. Y cuanto más alto sea el nivel de conciencia espiritual en el que se "empaqueta" la llamada, mayor será su poder. Involucrar a nuestra conciencia espiritual superior en la invocación de altas energías también garantiza que estas energías no se utilicen con fines egoístas, sino para el servicio de todo el mundo, para contribuir a la iluminación de nuestro planeta y todas las formas de vida que existen en él. Aquí está la llamada:

Desde el punto de Luz que está en la Mente de Dios,

Deja que la Luz fluya en la mente de las personas.

Que la Luz descienda sobre la Tierra.

Desde el punto del Amor en el Corazón de Dios,

Que el Amor fluya en los corazones de las personas.

Que Cristo regrese a la tierra.

Desde el Centro donde se conoce la Voluntad de Dios,

Que el Propósito dirija las pequeñas voluntades de las personas — El propósito, sabiendo cuál, sirven los Maestros.

Desde el centro de lo que llamamos la raza humana,

Que el Plan de Amory la luz se hará realidad

Y la puerta detrás de la cual se sellará el mal.

Que la Luz, el Amor y el Poder sean restaurados -

Planea en la Tierra.

A medida que una persona medita y usa la Gran Invocación, se vuelve cada vez más claro para ella que de este regalo simple pero muy profundo y poderoso, la humanidad puede extraer muchos niveles de significado, aspectos de percepción (y resultados prácticos).Me gustaría presentar aquí lo que llamo "visualización científica" de la Gran Invocación. En mi opinión, el término "científico" se justifica por el hecho de que corresponde a la realidad, y trataré de demostrarlo. Y la "visualización" en general es una participación mental plenamente consciente en el proceso que se va a realizar. En otras palabras, intentaré mostrar cómo se puede "ver" el proceso espiritual en los niveles en los que vivimos y que, por tanto, podemos comprender plenamente.

Primera Estrofa:

Desde el punto de Luz que está en la Mente de Dios, Deje

que la Luz fluya en las mentes de las personas. Que la Luz

descienda sobre la Tierra.

El "Punto de Luz que está en la mente de Dios" es más alto, mucho más alto que nuestro entendimiento más elevado. Esta Luz, la imagen visible del Espíritu, o conciencia superior, nace en lo que podemos percibir como la mente (o aspecto mental de la trinidad) de Dios. Desde este punto de la inteligencia más pura, la Luz Divina fluye continuamente hacia todos los reinos de la naturaleza, incluidos los reinos Divinos, el reino humano, los reinos inferiores y aquellos que generalmente son desconocidos para el hombre. Es una conciencia que siempre ha sido infundida y siempre será infundida en nuestras mentes. No es más que energía cósmica, el tercer aspecto o Rayo de la Trinidad Divina. Una enorme fuerza que lleva a la humanidad a un nivel efectivo y razonable de gran Vida. ¡El resultado final de esto es la Iluminación!

La luz (o la conciencia de Dios) debe descender de sus niveles y, si se quiere, fructificar consigo misma todas las vidas en todos los reinos de nuestra Tierra. Con el tiempo, esto conduce al crecimiento y expansión de la conciencia de todos los niveles del ser. Si imaginamos nuestro Sol como un símbolo (o correspondencia inferior) de la "Mente de Dios", y la luz emitida por él como la personificación de un plano mental superior, entonces podemos ver cómo estas energías "fluyen", "descienden a la Tierra" y directa o indirectamente penetran en las "mentes de las personas". A nivel físico sabemos que el Sol es la fuente de toda vida en el planeta y por la acción de la luz solar (y también de los vientos solares, las manchas solares, etc.) se producen cambios profundos en todos los reinos de la naturaleza.

Segunda Estrofa:

Desde el punto del Amor en el Corazón de Dios, Que el

Amor fluya en los corazones de las personas. Que Cristo

regrese a la tierra.

Es fácil imaginar cómo fluye la Luz, pero cómo visualizar ¿Amor?

Me centraré en una de las razones por las que esto no es tan fácil de hacer. En primer lugar, debe enfatizarse que la primera estrofa está conectada con el Tercer Rayo de energía cósmica y, en consecuencia, con la energía solar. sistema que precedió al nuestro. Como sistema solar de tercer rayo, nos ha dado al menos la primera idea de la Luz. Lo que llamamos "Amor Divino" es todavía un concepto nuevo para nosotros, ya que estamos en las etapas relativamente tempranas de nuestro sistema solar actual, que es el segundo sistema solar (en una serie de tres) y pertenece al Segundo Rayo. Es en este sistema solar donde el Amor Divino estará anclado en la Tierra. Aunque el Amor Divino está lejos de estar completamente materializado en los planos de nuestra conciencia, me parece que está comenzando a manifestarse en formas que son accesibles a nuestra percepción. Por ejemplo, sugeriría volverse hacia el color: al pasar por un prisma, la luz forma colores, los siete colores espirituales. Pueden ser una de las manifestaciones físicas del amor. O tomemos la música: hay siete notas en una octava. Para lograr la armonía, hay que saber distinguir tanto el sonido como el color, así como conocer las medidas y las combinaciones adecuadas. Al estudiar proporciones armoniosas, involuntariamente nos sumergimos en las leyes de la geometría y las matemáticas, la sección áurea, etc.

Todo esto conduce a la belleza, y la belleza es la expresión del Amor en la materia. ¿No significa esto que "el punto de Amor que está en el Corazón de Dios" nosotros, personas,¿Podemos imaginarnos como el centro de la belleza más pura, que, "fluyendo en nuestros corazones", se convierte en compasión, altruismo y todo lo mejor de una persona? Al final, todas estas cualidades, cada una a su manera, surgieron debido a la capacidad de distinguir entre las proporciones y relaciones correctas. Sabemos que el Plan Divino de Amor ("Plan Búdico") se refiere al Segundo Rayo de Amor-Sabiduría y con él cualidades que expresan la relación correcta como la razón pura, la intuición, la misericordia, una cosmovisión holística, la compasión, el altruismo, etc.

Por lo tanto, sugiero que la belleza que percibimos en el arte, la música, las obras maestras arquitectónicas y otros objetos del plano físico es el reflejo más bajo (que podemos visualizar) de las cualidades más sutiles y superiores enumeradas anteriormente. Visualizando el "Amor fluyendo hacia los corazones de las personas" (y hacia el corazón de la humanidad), podemos imaginar hermosos colores y música - "la música de las esferas". (Y la asombrosa belleza de la naturaleza.)

Cuando nos encontramos con la palabra "Cristo", inmediatamente recordamos la destacada personalidad adorada por los cristianos. Pero este gran Ser se entiende mejor como el mensajero universal de Dios que ama a todos sin importar las creencias religiosas. En el mundo es conocido bajo una variedad de nombres y títulos. Entonces: si llamamos a este gran Ser para que descienda cada vez más en la materia, en la esfera en la que habitamos -y esto es exactamente lo que está sucediendo ahora-, el "regreso de Cristo a la Tierra" ciertamente nos ayudará a alcanzar la belleza hasta ahora desconocida. de vida.

Tercera Estrofa:

Del centro dondeLa voluntad de Dios es conocida

Que el Propósito dirija las pequeñas voluntades de las personas — *El propósito, sabiendo cuál, sirven los Maestros.*

¿Quiénes son los Maestros? Estos son seres desarrollados que ayudan al Salvador del Mundo a elevar su conciencia. Los llamamos espiritualesMentores, Maestros, Señores o Jerarcas Espirituales de nuestro planeta. Dado que esta estrofa se refiere a las energías del Primer Rayo, las palabras clave aquí son "Voluntad" y "Propósito". Hablemos primero del objetivo. Hasta donde podemos entender a nuestro nivel humano, el Propósito Divino es elevar y expandir la conciencia en todas sus manifestaciones. O, en otras palabras, devolver el Universo a la perfección a través de la evolución espiritual.

Una vez más, a nivel humano, esto se logra invocando la energía de la Luz del Tercer Rayo, la energía del Amor del Segundo Rayo (versos uno y dos) y la energía de la Voluntad Divina del Primer Rayo (verso tres). Pero en el proceso de cumplir el Plan Divino, son necesarias constantes purificaciones, porque algunas entidades se resisten a la iluminación y necesitan ser "reconstruidas" para tener otra oportunidad. Parte de la purificación puede lograrse a través del aspecto destructivo del Primer Rayo. Pero aquí debe enfatizarse: de hecho, nada puede ser destruido, ni materia ni energía; todo es solose convierte en otra cosa. Por lo tanto, el Primer Rayo no destruye sino que transforma, libera o rehace.

Así, el Primer Rayo cumple varias funciones: energiza la Luz y el Amor; transforma lo que se necesita, y también purifica, separando los "átomos" no liberados para reelaborarlos.Esto se puede visualizar de la siguiente manera: todo lo impuro (mal) se separa de la vida en evolución y se lava hacia el centro de la Tierra para la purificación y transformación ardientes, y luego nuevamente se trae a la superficie para repetir el proceso nuevamente. En el plano físico, vemos cómo sucede esto en nuestro cuerpo (los procesos de digestión y excreción). Se presta mucha atención a la Luz y el Amor en las enseñanzas esotéricas, lo que no se puede decir sobre los procesos de purificación y reconstrucción. Pero esta importante y necesaria actividad está ocurriendo todo el tiempo, y debemos participar en ella conscientemente.

Cuarta Estrofa:

Desde el centro de lo que llamamos la raza humana, Que

se realice el Plan de Amor y Luz,

Y la puerta detrás de la cualdemonio.

Habiendo invocado la iluminación del tercer rayo, la sabiduría compasiva del segundo y el poder enfocado del primero, regresamos nuevamente al "centro" laríngeo del planeta: el reino humano.Nuestro trabajo (dharma) es arreglar "El Plan de Amor y Luz" para que sus energías dinámicas "se cumplan" primero en nuestro reino, y luego en todos los demás (esto se menciona en la última estrofa).

Es importante recalcar que todo en el universo es jerárquico (jerarquía significa "poder sagrado"), y esta no es una jerarquía de poder, sino de responsabilidad creciente. Cada unidad estructural del universo tiene la responsabilidad de ayudar a los representantes de los reinos inferiores. Nosotros, la humanidad, junto con los devas (ángeles), somos los reinos más adecuados para sustentar los reinos animal, vegetal y mineral. Esto es posible si conoce las proporciones y proporciones correctas. Entonces construimos correctamente nuestra interacción con estos reinos y ayudamos a las energías de Luz, Amor y Voluntad a descender a los reinos menos desarrollados ya los planos inferiores.Y cuando todos los reinos se iluminen, ¡simplemente no habrá lugar para el mal! Al no participar del mal, lo privamos de su poder, y esto ayudará a "sellarlo" para que no vuelva a aparecer. Por lo tanto, pedimos que se selle la "puerta detrás de la cual el mal" o la materia no liberada y no transformada en los niveles inferiores (groseros) de todos los planos, que nosotros, de hecho, percibimos como el mal.

Quinta Estrofa:

Que la Luz, el Amor y el Poder sean restaurados - Plan en la Tierra.

En la estrofa final, visualizamos "Luz, Amor y Poder (Poder)" emanando de los reinos humanos (y superiores) para "restaurar el Plan (Divino) en la Tierra".Puede visualizar miríadas de puntos, las luces de brillo variable que representan estos reinos, las energías del tercer, segundo y primer rayo ya invocadas, así como las influencias extraplanetarias divinas. Todo esto está en la proporción correcta y en la relación correcta, interactuando y extendiéndose por todo el sistema de la Tierra para ayudar a restaurar el Plan Divino de perfección del cual la humanidad se ha desviado temporalmente. Bendiciones a los lectores de este libro: En el nombre de la Luz, en el nombre del amor, en el nombre del propósito, trataremos de cumplir su parte de la Causa Única. ¡Que así sea!

www.ingramcontent.com/pod-product-compliance
Lightning Source LLC
Chambersburg PA
CBHW052355220526
45465CB00003BA/1124